Gesundheit und Behagen

in

unseren Wohnhäusern.

Eine kurz gefasste und allgemein verständliche Betrachtung der wichtigsten Grundsätze, häufigsten Mängel und bewährtesten Hilfsmittel.

Von

O. Gruner,

Regierungsbaumeister und Oberbaukommissar der Stadt Dresden.

Mit 80 Abbildungen.

München und **Leipzig.**

Druck und Verlag von R. Oldenbourg.

1895.

Vorwort.

Die vorliegende Schrift entstand unter den Eindrücken und auf Grund der Erfahrungen, die der Verfasser in mehr als zehnjähriger Thätigkeit an der Spitze der Baupolizeiverwaltung grofser Städte gesammelt hat, wobei ihn seine vorausgehende eigene Praxis als ausführender Architekt und die unausgesetzte Beobachtung aller Neuheiten auf dem Gebiete der Fachliteratur und des Baumarktes wirksam unterstützten. Wenn ihm auch dabei zunächst sächsische Verhältnisse und Mängel vor Augen standen, so kennt er doch das Bauwesen des übrigen Deutschlands (und darüber hinaus) aus eigener Anschauung zur Genüge, um zu wissen, dafs ideelle Zustände nirgends vorhanden sind, und dafs sich überall gegenüber etwaigen Fortschritten in der einen Richtung Vernachlässigungen auf andrer Seite vorfinden werden.

Die vorliegende Arbeit hat sich die Aufgabe gestellt, für alle Hauptfragen des Wohnhausbaues, soweit sie für die Gesundheit oder das Behagen eine Bedeutung erlangen können, einmal das Fazit für unsere Gegenwart zu ziehen und besonders zu untersuchen, welche Hilfsmittel die moderne Technik dem Baumeister an die Hand gibt, um einen leidlichen Kompromifs zwischen den unabweislichen Anforderungen unseres menschlichen Organismus und Lebensprozesses einerseits und den unnatürlichen, geschraubten und komplizierten Einrichtungen der Grofsstadt und ihrer Mietkasernen, sowie den jetzigen Gepflogenheiten bei der Häuserbeschaffung, zustande zu bringen.

Die Arbeit dürfte somit geeignet sein, nicht nur dem denkenden Baumeister manch nützlichen Wink zu geben (wobei die Angabe der Preise und Bezugsquellen die praktische Anwendung erleichtert), nicht nur den Studierenden in der Überfülle des Stoffes rasch und sicher zu orientieren, sondern auch dem Hausbesitzer wie dem Mieter über die wichtigsten Fragen der Wohnungshygiene bündige Auskunft zu erteilen und ihm wegen der Berechtigung zu mancher Klage über unser modernes Bauwesen das Urteil sozusagen selbst in die Hand zu legen, gleichzeitig aber auch den Weg zu ihrer Abstellung anzudeuten.

Nicht unwichtig, auch für das allgemeine Verständnis, dürften hierbei die zahlreichen Abbildungen sein, die von den verschiedensten, im Buche speziell genannten Firmen zu dem Zweck in dankenswerter Weise zur Verfügung gestellt wurden, und bei deren Wiedergabe die Verlagshandlung besondere Sorgfalt aufgewendet hat. In Verbindung mit dem Text werden sie vielleicht denselben Nutzen gewähren, wie der Besuch einer Hygiene-Ausstellung in Begleitung eines sachkundigen Führers.

Dresden, im August 1895.

O. Gruner.

Inhaltsverzeichnis.

I. Einleitung.

Die Aufgaben und Arbeiten des Baumeisters, soweit sie sich auf das Schaffen menschlicher Wohnungen beziehen, haben sich gegen frühere Jahrhunderte himmelweit verändert. Von dem Zusammendrängen in mächtigen Mietkasernen oder hohen Türmen, von dem Ausbeuten jeder handbreiten Grundfläche, von dem Unterbringen der Menschen in Kellern und Oberböden, mit seinen Gefahren für Herzleidende und das keimende Leben, für die leibliche und sittliche Gesundheit, wie es unsrer selbstgefälligen Zeit eigen ist, wufste man im finsteren Mittelalter, selbst bei beengenden Festungsverhältnissen, nichts. Dem halbwegs gut gestellten Bürger damaliger Zeit galt der »eigene Herd« als gleichbedeutend mit dem Besitzen und Alleinbewohnen eines Hauses. Städtisches Proletariat kam erst etwa im 15. Jahrhundert auf, und die zahlreichen landwirtschaftlichen Betriebe, von denen sich in unseren Provinzialstädten kleinere und gröfsere Reste noch erhalten haben, brachten ganz von selbst eine gewisse Weiträumigkeit der Bebauung und ganz andere Wohnverhältnisse mit sich als die, mit denen wir zu rechnen — und unter denen wir zu leiden haben. Der Bezug des Lichts und der Luft stand den mäfsig grofsen Häusern fast von allen Seiten zu Gebote, der Bezug des Wassers für Trink- und Brauchzwecke, durch laufende oder Pumpbrunnen, machte fast allenthalben so wenig Schwierigkeit, wie die Beseitigung der Abwässer, und die Abgänge aus den Öfen, Küchen und Aborten verthaten sich in der eigenen oder nachbarlichen Feldwirtschaft ohne Kopfzerbrechen oder Kosten. Daneben liefs sich noch manche Hausindustrie ohne Schwierigkeit oder Belästigung der wenig zahlreichen Hausgenossen betreiben; man braute vielfach den Haustrunk selbst, kochte die Seife, schlachtete, oder buk das Brod im Hause; und ging dabei ja einmal nicht alles ganz glatt, so waren unsere Vorfahren weniger skrupulös und nervös für kleine Störungen des häuslichen Komforts als wir.

Die Vorbedingungen für den Fortbestand so patriarchalischer Verhältnisse haben sich nun in verhältnismäfsig kurzer Zeit total verändert; die Landwirtschaft ist nicht nur aus allen unseren gröfseren Städten, sondern vielfach auch vor ihren Thoren verschwunden; an Stelle des behäbigen Bürgerhauses ist der beängstigende Spekulationsbau getreten, und die Mechanik eines Haushalts in der grofsen Stadt führt allerlei Reibungen mit sich, von denen frühere Zeiten nichts wufsten. Den hochgetürmten Häusern an engen Strafsen gebricht es an Licht und Luft, die Beseitigung der Abwässer, der Küchenabfälle, Asche, des Kehrichts und der Fäkalien bereitet dem Hausbesitzer viele Kosten und den Gemeinde-Verwaltungen schwere Sorgen, und die Fortführung eines bürgerlichen Haushalts nach väterlicher Weise in einem modernen Miethause ist geradezu unmöglich geworden. Kaum dafs es da und dort noch gelingt, die Reinigung der Wäsche unter den Augen der Hausfrau vorzunehmen, denn wenn auch ein feuchtes, düsteres Kellerloch als »Waschküche« vorhanden ist, so fehlt es den Spekulationsbauten, bei denen unbewohnter Dachraum als Verschwendung gilt, doch zumeist an geeigneten Trockenböden, ganz zu geschweigen der Bleichplätze. Und noch viel mehr Entsagung mufs sich der Stadtbewohner hinsichtlich der dem Deutschen so sehr ans Herz gewachsenen Back- und Schlachtfeste auferlegen. Mit einem Wort: unsere Art zu wohnen und in der Familie zu leben, ist eine ganz andere geworden, als sie noch zu Anfang dieses Jahrhunderts war. Ist denn aber auch unsere Art, zu bauen und Häuser in der grofsen Stadt einzurichten, diesen veränderten sanitären, sozialen und familiären Verhältnissen und Bedürfnissen gefolgt? — Wir müssen mit »Nein« antworten. — Der Grundrifs und die Einrichtung unserer städtischen Massenquartiere zeigt, mit verschwindenden Ausnahmen, dieselben Elemente und primitiven Anordnungen, wie das Haus des Bürgers in der kleinen Stadt, einschliefslich dessen, was sich eigentlich nur mit ländlicher Umgebung verträgt und abzüglich alles dessen, was dort zur Erleichterung oder zum gröfseren Behagen, zur »Gemütlichkeit« im Haushalt beizutragen vermag. Die Beheizung erfolgt auch hier nicht nur für jede Wohnung, nein, auch für jedes Zimmer in der ursprünglichsten Weise für sich, und der Kohlen-Rauch und -Rufs aus vielleicht 50 Öfen eines Grundstücks in enger Gasse wird der Atmosphäre ebenso ungeniert übergeben, wie der Holzrauch des einzigen Herdes im Bauernhause. Die Abortsammelgruben werden in der grofsen Stadt ebenso naiv angelegt wie auf dem Lande, obgleich hier kein gefälliger Nachbar ihren Inhalt halbjährig auf sein Feld abholt; die Aschen- und Müllgruben gedeihen hier mit derselben Unbefangenheit wie dort, obgleich ihr modernder und stinkender Inhalt die engen Höfe verpestet; die Schleusenwässer werden in den Kellern ebenso unbedenklich gesammelt, wie die Jauche im Bauernhof. Den wackeren Erbauern unserer Miethäuser ist ein Unterschied zwischen ländlichen und städtischen Verhältnissen noch nicht aufgefallen, denn die Anstalten, wo sie ihre Bildung sich geholt haben, wissen von einem solchen Unterschiede auch noch nichts. Der Landbauer weifs es zwar, dafs er den verschiedenen Schichten in seinen Kartoffel- und Rübenmieten Luft zuführen mufs, wenn sie gesund bleiben sollen, aber die Erbauer unserer Menschen-Mieten haben diese Erfahrung noch nicht gemacht; der

Bauer weifs es, dafs ein mit Kehricht und Abraum allerart aufgefüllter, seit Jahrhunderten mit Abflüssen berieselter Boden als gut gedüngt und der Vegetation förderlich gilt; dem Häuserbauer aber kommt es trotz aller Bakterien- und Vibrionengefahr nicht in den Sinn, dafs solcher Boden beim Überbauen anders behandelt werden möchte, als steriler Kiesboden. Sanitäre Aufgaben gibt es für ihn nicht; um die Himmelsrichtung, die sein Haus erhält, kümmert er sich nicht; hinsichtlich des Grundrisses und der Konstruktion genügen ihm die landläufigen Muster; den Schwerpunkt seiner Aufgabe erkennt er im engsten Zusammenschachteln der Menschen und bei geringsten Kosten in der Herstellung einer »schönen« Fassade, die nämlich bald einen Käufer anlocken soll. Da ihm (wir denken natürlich immer nur an Pseudo-Architekten) aber auch hierbei die tektonischen Grundsätze und das Gefühl für Stilfeinheiten vollständig abgehen, so wird er beim Entwerfen dieser Fassade kaum von anderen Erwägungen geleitet, als etwa eine Putzmacherin oder ein geschmackvoller Tapezier beim Ersinnen neuer Hüte oder Sophaformen.

Welches sind nun die Folgen dieses Verkennens der eigentlichen Aufgaben eines Baumeisters, dieses bequemen Schlendrians in längst veralteten Bahnen? — Zunächst das Entstehen von Bauwerken, die ihrem Zweck in keiner Hinsicht genügen oder entsprechen, die ihren Bewohnern zu wenig Raum, — Luft und Licht ungenügend, — Bequemlichkeit und Behagen gar nicht bieten, dafür aber Verdrufs und Belästigung mit und durch die anderen Hausbewohner im reichsten Mafse; die wegen ihrer gedankenlos hergestellten Feuerungs-, Schleusen- und Abort-Anlagen geradezu gesundheitsschädlich genannt werden müssen und die mit dem, was man sich unter »Familienwohnung« denkt, nur etwa das äufsere Aussehen gemein haben. Und was für Früchte zeitigen unsere modernen Wohn- und Mietverhältnisse noch auf anderen Gebieten:

man denke z. B. nur an das »schwarze Buch« des Berliner Hausbesitzervereins! — Vielleicht ebenso bedauerlich ist aber auch die andere Folge, daſs das Bauwesen samt seinen Vertretern als hinter der Zeit und ihren veränderten Bedürfnissen zurückgeblieben, und als der Bevormundung bedürftig angesehen und gering geschätzt wird. Denn es muſs immer wiederholt werden, daſs der Stand der Architektur von der groſsen Menge nicht nach den monumentalen Schöpfungen, nicht nach einem Reichstagsgebäude beurteilt wird, sondern daſs der schlichte Mann, wohl nicht mit Unrecht, danach fragt und urteilt, ob und wie die Baukunst seinen eigenen Bedürfnissen und billigen Anforderungen zu genügen vermag. Was nützen denn z. B. auch alle Erfolge der Ferienkolonien, wenn die Kinder dann doch wieder in den elenden Wohnlöchern allen übeln Einflüssen, körperlich und geistig, ausgesetzt werden? — Eine ganz gehörige Bevormundung der Architekten ist denn auch nicht ausgeblieben. Mit der Aufstellung neuer Bebauungspläne und Bauordnungen beschäftigen sich heute (wenigstens ist es so in Sachsen) wohl die juristischen Verwaltungsbeamten, die Ingenieure und Mediziner, aber keine Architekten; die Fragen der Konstruktion, sobald sie vom Alltäglichen abweichen oder sich auf Eisen als Baumaterial beziehen, werden nicht vom »Baumeister«, sondern vom »Ingenieur«, d. h. in den meisten Fällen von dem Lieferanten dieser Konstruktionen, gelöst; handelt es sich um Fragen, die irgendwie das sanitäre Gebiet streifen, so ist die Ansicht der Medizinalbehörde ausschlaggebend, und es ist — leider — vielleicht doch nicht bloſs im Prestige der Universitätsbildung begründet, wenn deren Gutachten bei den Verwaltungsbehörden mehr gilt, als das der bautechnischen Beamten. Auf dem Gebiet der Fabrik- und Gewerbepolizei ist man schon längst davon zurückgekommen, Gutachten oder zweckdienliche Verbesserungsvorschläge von den Baumeistern einzufordern, und das Übergewicht der Feuerversicherungsbeamten auf dem Gebiet des Baupolizeiwesens wurde ebenso wie der Vorsitz der Juristen in technischen Prüfungskommissionen schon früher besprochen. Ja, selbst in den Ausschufs, der Vorschläge wegen der praktischen Ausbildung unserer jungen Fachgenossen zu machen hatte, wurden zwar Ingenieure, aber kein Architekt gewählt. Alle diese Zeichen der Zeit bestätigen zweifellos die »Bevormundung«, sowie ferner, dafs die Ausbildung der Hochbautechniker den gesteigerten Anforderungen ihres Faches nicht entspricht. Die thörichte Meinung, jedes schlichte Wohnhaus als monumentale Aufgabe behandeln und möglichst zum Palast gestalten zu müssen, hat den Blick von den eigentlichen Aufgaben des Baumeisters ganz abgelenkt; zu diesen Aufgaben gehört aber heute nicht die Sorge um effektvolle Fassaden, sondern das Schaffen gesunder, behaglicher und, soweit möglich, auch billiger Wohnungen. Die sanitäre Seite des Bauwesens wird bei der Ausbildung des Hochbautechnikers noch unverantwortlich vernachlässigt. Wenn ihm auf diesem Gebiet durch die Schule überhaupt etwas geboten wird, so geschieht es nicht durch einen praktisch Erfahrenen seines Faches, sondern durch einen Mediziner oder Naturforscher, der ja mit den Geheimnissen seiner Wissenschaft aufs genaueste vertraut sein mag, der aber trotzdem nichts von den Problemen weifs, die der Bauplatz dem Praktiker alle Tage zu lösen aufgibt. Davon nur wenige Beispiele. In den Städten mit allgemeiner Wasserversorgung wird regelmässig ein Wasserrohr in den Neubau und zwar bis in die obersten Geschosse eingeführt. Fast ebenso regelmäfsig wird aber auch damit der Unachtsamkeit oder Bosheit die Gelegenheit zum Durchnässen der halbfertigen Zwischendecken geboten. — An den Dachfallrohren bleiben zur Schonung während der Bauausführung regelmäfsig mindestens die unteren Stücke und Ausmündungen weg, und fast ebenso regelmäfsig fliefst dann das Regenwasser wochen- und mondenlang am Mauerwerk herab und in die Fundamente. — Die massenhafte Verunreinigung, an allen Stellen der künftigen Wohnung, durch die Dejekte der Arbeiter wird als ein notwendiges Übel hingenommen und auch hinsichtlich des Auffüllmaterials in den Zwischendecken herrscht bei den Bauausführenden eine unglaubliche Gleichgültigkeit. Solche und viele ähnliche Mängel in unserer Bauführung bemerkt nur derjenige, der täglich Bauplätze betritt; und wie soll ein Mediziner dem künftigen Baumeister selbsterprobte Ratschläge bei der Auswahl von Klosett- oder Ofenkonstruktionen, Küchenspültischen oder Wasserzapfhähnen, von dicht schliefsenden Fensterfalzen oder Ventilationshauben erteilen? —

Und das sind nur nebensächliche und Detailfragen in der verantwortungsreichen Praxis, die den Architekten in künftiger selbständiger Stellung, etwa im Staats- oder Gemeindedienst erwartet. Wie überaus wichtig ist z. B. sein richtiges Verständnis für hygienische Fragen bei Neubauten für Hospitalzwecke und Versorganstalten, wie arg ist hinsichtlich der Abort- und Entwässerungsanlagen bei Kasernenbauten und ähnlichen Massenquartieren, deren Bewohner nicht nach Belieben wählen oder wieder ausausziehen können, namentlich in früheren Zeiten, gesündigt worden!

Wenn sich wirklich keine Architekten bereit finden sollten, die mit praktischer Erfahrung soviel Wissenschaftlichkeit verbinden, als zum Anleiten der jungen Fachgenossen auf dem gesundheits-technischen Gebiet des Hochbauwesens erforderlich ist, so sollten diese wenigstens eindringlichst auf die von Angehörigen des Fachs geschaffene und somit den praktischen Anforderungen Rechnung tragende einschlägige Literatur hingewiesen werden, bis durch Einrichtung von Kursen für Gesundheits-Ingenieure dem Mangel an Lehrkräften aus den Reihen der Techniker selbst abgeholfen sein wird. Eine grofse Anzahl der literarischen Arbeiten ist freilich in den Fachzeitschriften zerstreut, aber es fehlt zum Glück auch nicht an zusammenfassenden Bearbeitungen des Gegenstandes, die ihn so erschöpfend behandeln, dafs von den dort aufserdem gebotenen Quellennachweisen nur ausnahmsweise Gebrauch zu machen nötig ist.

Als neuere Bücher, die den Gegenstand behandeln, nennen wir:

1. Lothar Abel. Das gesunde, behagliche und billige Wohnen. Hartleben's Verlag.

2. Dr. E. Schmitt und Max Knauff. Koch-, Spül-, Wasch- und Bade-Einrichtungen. Entwässerung und Reinigung der Gebäude. Ableitung des Haus-, Dach- und Hofwassers. Aborte und Pissoirs. Entfernung der Fäkalstoffe aus den Gebäuden. — Handbuch der Architektur. 3. Teil, 5. Band. Bergsträfser's Verlag. Darmstadt.

Zur Charakterisierung der beiden genannten Bücher sei gleich vorweg bemerkt, dafs den Verfasser des ersten gewifs das redliche Bemühen geleitet hat, zur Verbesserung unserer Wohnverhältnisse etwas beizutragen; es hat ihn aber dabei, wie bei ähnlichen früheren Versuchen, die Kraft doch vielfach im Stiche gelassen; es ist nicht nur ein tieferes Eindringen und souveränes Beherrschen des Stoffes in vielen Kapiteln zu vermissen, sondern es fehlt auch die Gewandtheit im logischen Entwickeln und klaren Vortrag. Das an zweiter Stelle genannte Buch hingegen gehört zu denen, die wie die anderen Bände dieses Unternehmens dem aufmerksamen Leser durch die allseitige Kenntnis des Stoffes, durch die Gliederung und Durchsichtigkeit des Vortrages immer aufs neue Anerkennung und Dank für die Verfasser abnötigen.

Ferner seien, als ältere Werke dieses Gebietes, hier genannt:

3. Hermann Schülke. Gesunde Wohnungen. Berlin. Verlag von Julius Springer.

4. Dr. P. Jardet (Dr. W. H. Corfield). Les Maisons d'habitations. Paris. Librairie J. B. Baillière et fils.

5. J. Schmölcke. Die Verbesserung unserer Wohnungen nach den Grundsätzen der Gesundheitslehre. Wiesbaden. Verlag von J. F. Bergmann.

Das empfehlenswerte Schülke'sche Buch wird seinem Inhalte nach durch die Überschriften der fünf Abschnitte vortrefflich wiedergegeben: Gutes Licht. Genügende Wärme. Reine Luft. Brauchbares Wasser. Gesunder Boden. Für das unter 4 aufgeführte Erzeugnis der fremdländischen Literatur sprechen zweierlei Umstände. Sein Original ist von einem englischen Spezialisten der Hygiene (Corfield) verfafst, und es ist unbestritten, dafs den Engländern auf diesem Gebiet noch heute die Führerschaft gebührt. Die Übersetzung aber rührt von einem auf diesem Gebiet gleichfalls wohlbewanderten französischen Arzt (Jardet) her, der in eingeschalteten Bemerkungen Vergleiche mit festländischen Verhältnissen (namentlich in Paris) anstellt. Das Schmölcke'sche Buch enthält zwar auch manchen beherzigenswerten Wink, ist aber in seinen einzelnen Kapiteln nicht ganz gleichwertig, manches ist auch durch neuere Einrichtungen und Erfindungen überholt worden und veraltet. Endlich ist als überaus gründliche Arbeit, von der aber nur einzelne Kapitel unmittelbare Anwendung aufs Hochbauwesen finden, als neue Erscheinung noch zu erwähnen:

6. Dr. Behring. Die Bekämpfung der Infektionskrankheiten. Hygienischer Teil von Oberingenieur Brix, Prof. Dr. Pfuhl und Dr. Nocht.

Bei der Verteilung der Aufgaben des letzgenannten Buches fielen dem Techniker die wichtigen Kapiteln über Wasserversorgung und über Bodenverunreinigung (bezw. deren Verhütung) zu, wobei er Gelegenheit fand, auch ausführlich über Abortanlagen, Kehrichtbeseitigung, Hausentwässerungen und die zugehörigen Baumaterialien sich zu verbreiten.

Zum Zwecke der Besprechung gesundheitlicher Fragen im Hochbauwesen wird der Stoff am naturgemäfsesten und übersichtlichsten nach folgenden Hauptgesichtspunkten gegliedert: Luft, Licht, Trockenheit, Wärme, Wasser, Abfälle (einschl. Aborte), Desinfektion, und Einrichtungen zum allgemeinen Behagen. Bei der Besprechung der einzelnen Gegenstände wird es aber, um Weitschweifigkeit zu meiden, mitunter ratsam erscheinen, diese verschiedenen Gesichtspunkte ungetrennt, mit Bezug auf den einen Gegenstand zu erörtern. Der innige Zusammenhang der menschlichen Wohnung mit der organischen Abwickelung des Lebensprozesses macht eine gar zu abstrakte Behandlung derartiger Fragen von selbst unmöglich.

II. Die Luft und ihre Zu- und Ableitung.

Die atmosphärische Luft, ein Gemenge von rund vier Raumteilen Stickstoff und einem Raumteil Sauerstoff ist unbestritten unser wichtigstes Lebensmittel. Während der Mensch täglich höchstens 2 l Wasser trinkt, atmet er in derselben Zeit durchschnittlich 9000 l Luft ein und aus. Durch diesen Atmungsprozeſs, ganz abgesehen von allen anderen Luftverschlechterungsursachen, wird die Luft sehr rasch ärmer an Sauerstoff und reicher an allerlei andern gasförmigen Beimengungen, d. h. für die menschlichen Lungen unbrauchbar und schädlich. Als Maſs der Luftverschlechterung gilt die Kohlensäurebeimengung, die zwar auch in der reinsten Luft nie gänzlich fehlt, die aber in Krankenstuben nicht mehr als 0,75 ‰, in anderen Wohnräumen höchstens 1,5 ‰ betragen soll. Wenn sie nicht über 1 ‰ steigen soll, so sind pro Kopf und Stunde 45 cbm frische Luft erforderlich. Es liegt nun auf der Hand, daſs in eng bebauten Stadtvierteln mit hohen Häusern und vielen Menschen darin, samt den zugehörigen Feuerungen [1]), Aborten und Schleusen die Beschaffung

---

[1]) Über »die Bekämpfung der Ruſskalamität in Dresden« berichtete der Verf. ausführlich im 7. Heft, Band 38 des »Civil-Ingenieur«.

frischer Luft schwieriger ist und die Verschlechterung schneller erfolgt, als bei weitläufiger Bebauung und geringer Bewohnerzahl der Häuser. Einschliefslich der Strafsen, Höfe und Gärten entfallen in Berlin innerhalb der früheren Mauern auf den Kopf 35 qm Grundfläche, hingegen in der Judenstadt Prag's nur 7 qm; es kommen auf ein bewohntes Haus in Berlin durchschnittlich 52,6 Einwohner, hingegen in Bremen nur 7,6; endlich beträgt in den gröfseren Städten Englands (aber ausschliefslich London) die durchschnittliche Zahl der Haushaltungen pro Haus nur 1,08, hingegen in Leipzig 7,7; der Durchschnitt aus allen deutschen Städten von mehr als 50000 Einwohnern (Berlin ausgenommen) 19,5 Haushaltungen. Schon das natürliche Gefühl, ganz abgesehen von den Sterblichkeitsverhältnissen, legt den Wunsch nahe, das einzelne Haus, die einzelne Wohnung und den einzelnen Bewohner möglichst unmittelbar mit der so notwendigen unverdorbenen Lebensluft zu versorgen und mit Genugthuung ist auf die kräftigen Bemühungen zu verweisen, die in neuerer Zeit gemacht werden, um durch zonenweise Abstufung der Häuserabmessungen, vom Innern der Städte nach deren Peripherie, dem ferneren Entstehen dichtgedrängter, überhoher Mietkasernen entgegen zu arbeiten und einem vernünftigen Mafshalten in der Ausnutzung der Baustellen die Wege zu bahnen. Die Notwendigkeit einer Umkehr auf diesem Gebiet wird von allen Einsichtigen anerkannt; vorläufig bleibt es aber noch eine schwere Aufgabe, den übermächtigen Widerstand der interessierten Grundbesitzer zu überwinden. Sehr lehrreich nach beiden Richtungen waren die Verhandlungen des Vereins für öffentliche Gesundheitspflege und des Verbandes der Hausbesitzer Deutschlands, die beide im Sommer 1894, jener in Magdeburg, dieser in Stettin tagten; indessen soll hier nicht weiter auf Städte-Erweiterung und Bauordnungen eingegangen werden. Die Hauptsache ist doch, dafs den einzelnen Häusern und Wohnungen die Wohlthat verhältnismäfsig reiner Luft gesichert und angeboten werden soll und die Aufgabe des Baumeisters wird es sein, mehr als bisher von diesem Anerbieten mit Rücksicht auf sein Werk Gebrauch zu machen. Unter Umständen wird es sich empfehlen, mittels systematischer Anlage schon bei den engen Lichthöfen hiermit zu beginnen. Es kann das geschehen vielleicht durch entbehrliche, schmale Kellerräume, die einerseits mit der Strafse, andererseits mit dem Lichthofe kommunizieren und, um den Luftwechsel in diesem zu ermöglichen, beiderseits offen gehalten werden; oder durch gemauerte Kanäle über oder unter den Kellergewölben; oder endlich durch genügend weite Steinzeugrohre, die unter der Kellersohle verlegt werden können. Dafs die obere Mündung des Lichthofes nicht durch ein Glasdach dicht verschlossen werden darf, versteht sich eigentlich von selbst, es geschieht aber trotzdem noch oft genug. Systematischen Anlagen und geordnetem Betrieb, um den Innenräumen die Lufterneuerung zu sichern, begegnet man noch immer höchstens in Schulen, Krankenhäusern und Gefängnissen; schwache dilettantische Anläufe dazu werden manchmal in Konzert- und Schanklokalen unternommen, in Wohn-, Schlaf- und Geschäftsräumen aber geschieht in dieser Richtung nichts. Wir belächeln die offenen Heiz- und Schornsteinanlagen unserer Vorväter, wir schütteln den Kopf über die zugigen Sehiebefenster und verschwenderischen Kaminfeuer der Angelsachsen, aber wir empfinden nicht die leiseste Beschämung über unsere eigene Gleichgültigkeit gegen den so notwendigen Luftwechsel. Das mindeste, was bei einem Wohnhaus-Neubau geschehen sollte, wäre die Herstellung von Luftabzugskanälen in den Mauern, ja es könnte recht gut von Baupolizei wegen gefordert werden, dafs durchschnittlich auf je 1 oder 2 Schornsteine mindestens ein Luftkanal an beliebig zu wählender Stelle anzulegen ist. Ob er benützt werden soll oder nicht, könnte dann immer noch der Einsicht der späteren Bewohner überlassen bleiben. Ein derartiger Vorschlag erlitt aber s. Z., bei Beratung der Leipziger Bauordnung, vollständigen Schiffbruch. Nicht einmal in den Küchen hält man bei uns die Herstellung eines Wrasenabzugs für notwendig! — Eine einfache und doch wirksame Anordnung, bei der der Abzugskanal für Küchenwrasen durch das Rauchrohr der Küchenfeuerung erwärmt wird, gab C. Busch schon 1875 an in seiner »Bauführung« (Seite 79); um den besonders in Waschküchen so überaus lästigen Wasserdunst zu beseitigen, hat sich als bestes Abhilfsmittel die Zuführung vorgewärmter (also ausgetrockneter) Luft erwiesen, die den Überschuss an Feuchtigkeit begierig absorbiert. H. Kori, Berlin liefert zu dem Zweck einen »Wrasenbeseitigungs-Apparat« schon für 15 ℳ. Während die Luft bis 0° C. nur 5,4 g Wasser aufzunehmen vermag, beträgt ihr Sättigungsvermögen für Feuchtigkeit bei 40° 49,2 g und bei 70° 197,4 g, woraus sich die Richtigkeit des Grundgedankens und die Wirksamkeit dieser Apparate erklärt.

Waschküchen sollen aber auch wenn irgend möglich, nur vom Freien aus zugänglich gemacht werden.

Um den Abzug der verdorbenen Luft beliebig regeln zu können, wird die Abzugöffnung im Zimmer am besten mit einer eisernen Jalousie versehen und diese wieder, wo es sich um gutes Aussehen handelt, durch ein gufseisernes Gitter maskiert. Derartige Einrichtuugen stellen sich (ohne Gitter) bei 23 × 30 cm auf etwa 10 ℳ, mit Gitter etwa 3,50 ℳ teuerer. (Gebr. Pönsgen in Düsseldorf.) Um auch sicher zu sein, dafs in dem Luftkanal eine Bewegung, und zwar im aufsteigenden Sinne, stattfindet, ist es notwendig, die obere Mündung mit einem Aufsatz, am besten gleichfalls aus Eisen, zu versehen. Unter den vielen Konstruktionen, die zu diesem Zwecke — oder als Essenkopf — angeboten werden, verdienen besondere Beachtung der »Luftpump-Ventilator« von Boyle, der bei 20 cm Rohrweite 62 ℳ, und der »Luft-Ejektor« von Behn in Hamburg, der bei 20 cm Rohrdurchmesser 33 ℳ kostet. Auch die Wolpert'schen »Rauch- und Luftsauger, welche die Schornsteinwärme als Aspirationsmittel benutzen gehören zu den längst bewährten Apparaten für Entlüftungszwecke.

Fig. 1. Luftpump-Ventilator von Boyle.

Endlich kann es unter Umständen erwünscht sein, Richtung und Stärke des Luftstromes zu kontrollieren, und zu dem Zweck sei auf Recknagel's »ständige

Kontroll-Apparate für Ventilations-Anlagen« hingewiesen. Am Ausströmgitter angebracht, kostet ein solcher 8 ℳ.

Auch die einfachste Lüftungsanlage ist ohne Vorkehrung zur Luft zuführung nicht denkbar und die ausgiebigste Quelle zu dem Zweck bleiben trotz alledem die geöffneten Fenster. Es mufs als ein zu weit getriebener Doktrinarismus bezeichnet werden, wenn in Dresden den Hausmeistern in den Schulen mit Ventilationseinrichtung eine andere Lüftung als durch die Kanäle untersagt ist. Was der Architekt in dieser Hinsicht mindestens thun sollte, ist die Anbringung von sogen. Fenstestellern oder Fensterhaltern, die es ermöglichen, die unteren Fensterflügel in jeder beliebig weit geöffneten Stellung zu erhalten. Von den vielen Angeboten zu dem Zweck seien hier nur die »Fenstersteller« von Schuler, München, mit verzinnten Stangen erwähnt, von denen das Paar 1 ℳ kostet. Ein Schritt weiter führt zu den Stellvorrichtungen an den oberen Fensterflügeln, die sich um horizontale Achsen drehen. Sehr einfach ist die Einrichtung von Marasky (Erfurt), die allerdings nur 3 ℳ kostet, aber auch keine Zwischenstellungen gestattet. Vollkommener in dieser Hinsicht ist der von Regner in Dresden konstruierte Beschlag »Frische Luft«, der für einfache Fenster 7 ℳ, für Kastenfenster 7,50 ℳ kostet. Die Einrichtung bei dem letzteren ist so, dafs mit dem Aufklappen des inneren, oberen Flügels ein Teil des äufseren, unteren Flügels hochgezogen d. h. geöffnet wird. Auch der ornamental sehr ausgebildete Oberlichtfenster-Verschlufs, Patent Seilnacht (Baden-Baden), von dem die Garnitur 4,50 ℳ

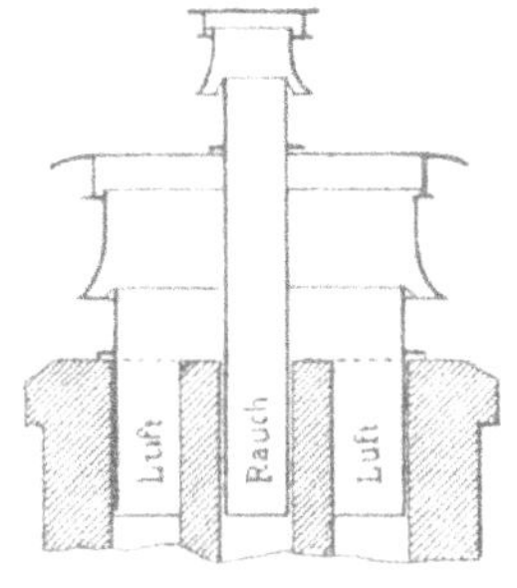

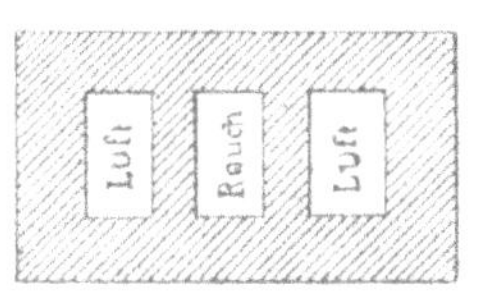

Fig. 2. Rauch- und Luftsauger von Wolpert. (Durch den mittleren Kanal werden die Luftkanäle erwärmt, ohne dafs ein Einrauchen möglich ist.)

Fig. 4.
Fensterbeschlag von Regner.

kostet, verdient wegen seines sinnreichen Mechanismus Beachtung. Einenachahmenswerte Einrichtnng haben die Fenster des neuen Diakonissen-Krankenhauses in Dresden erhalten; durch einen einzigen Griff öffnen sich die beiden Oberflügel des Kastenfensters gleichzeitig, der äufsere schräg nach unten, der innere schräg nach oben. Auf die besonderen Anforderungen, welche an Krankenhaus-Fenster gestellt werden, soll zwar hier nicht näher eingegangen werden; nicht unerwähnt bleiben soll aber Franz Spengler's (Berlin) Spangen - Fenstereinrichtung, die zur bequemen und schnellen Lüftung von Kastenfenstern dient, und bei der alle vier Flügel auf einmal geöffnet und geschlossen werden. Auch die überall verwendbare, mit »Zugdruck« bezeichnete

Verschlufsvorrichtung für Klapp- und Kippflügel derselben Fabrik ist wegen ihrer Zuverlässigkeit beachtenswert. Recht empfehlenswert als einfache Vorrichtung sind ferner die in

Fig. 5. Lufteinlafsschieber von Schäffer und Walker.
(Bei *g* tritt die Aufsenluft durch ein Drahtnetz in den Kanal *k*; durch den Schieber *s* wird ihr Zutritt ins Zimmer nach Bedarf reguliert.)

den Fensterflügeln angebrachten Glasjalousien, weil sie die frische Luft schichtenweise einströmen lassen und dadurch

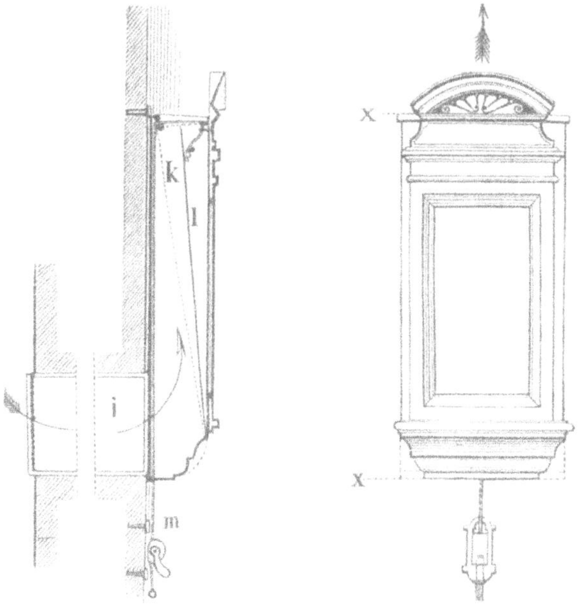

Fig. 6. Fig. 7.
Luftzuführung in Wandschrankform von Knodt in Bockenheim.

deren Mischung mit der Innenluft und Vorwärmung beschleunigen. Sie sind in verzinntem Eisen und Doppelglas hergestellt, bei der Hamburg-Berliner Jalousiefabrik, schon für 2 ℳ für eine Klappe zu haben. Zweckdienlich sind auch die aus oben offenen Halbkegeln aus Glas hergestellten Kunstverglasungen von Ehrbeck in Breslau, die aber zum Verschlufs noch eine besondere Scheibe erfordern. Zehn derartige »Zuten« kosten in weifsem Glas, mit Bleieinfassung ca. 4 ℳ.

Soll von der Luftzuführung durch die Fenster abgesehen werden, so empfehlen sich sehr die »Lufteinlafsschieber« von Schäffer & Walcker (Fig. 5), die bei

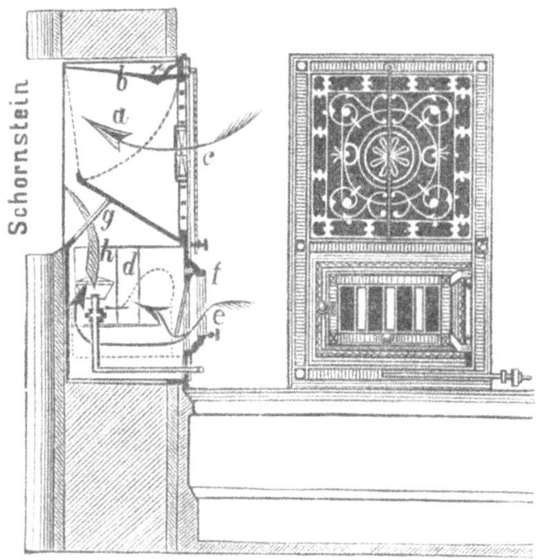

Fig. 8. Luftabflufs-Apparat mit Heizvorrichtung von Lönhold. (Einrichtung mit Gasflamme: *h*.)

22 × 22 cm Austrittsöffnung (ohne Heizvorrichtung) 15 ℳ, oder die Boyle'schen Lufteinlafs-Rohre, die bei 10 × 22,5 cm Querschnitt und 1,75 m Höhe (mit Luftfilter) komplett 20,50 ℳ kosten. Derselbe Gedanke liegt der Knodt'schen Einrichtung (Fig. 6 und 7) zu Grunde; an Stelle der einfachen Absperrklappe ist aber hier ein, eine Düse *k* bildender, Pendelverschlufs *l*.

Handelt es sich um die Lüftung gröfserer Räume, die zeitweilig viele Menschen aufzunehmen haben, oder um solche mit besonderer Luftverschlechterung, z. B.

Speise- oder Tanzsäle-, Trink- und Rauchzimmer, so wird der Luftwechsel durch pressende oder saugende Maschinen zu beschleunigen sein. Bei dem Vorhandensein von Gas- oder Wasserleitung oder sonst irgend welcher motorischen Kraft machen auch solche Aufgaben heute nicht die mindeste Schwierigkeit. Je nach den gegebenen Umständen wird der Architekt sein Augenmerk

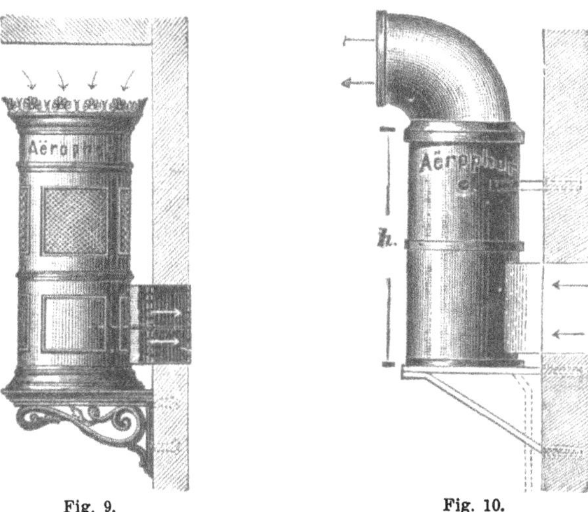

Fig. 9. Fig. 10.
Schraubenventilator von Treutler und Schwartz
mit Luftabsaugung. mit Luftzuführung.

in erster Linie auf folgende Konstruktionen zu richten haben: Lönhold's Luftabflufs-Apparate mit Heizvorrichtung (Gas oder Petroleum) (Fig. 8), kosten bei 22 × 22 cm Austrittsöffnung 30 ℳ. Der Kosmos-Lüfter, ein durch die Wasserleitung betriebener Ventilator, kostet bei 20 cm Raddurchmesser 35 ℳ; ferner der »Aërophor« benannte Schraubenventilator (Fig. 9 und 10) von Treutler & Schwartz, Berlin, gleichfalls für Wasserbetrieb, der bei einer Leistung von etwa 2500 cbm in der Stunde, ohne Zubehör, 95 ℳ kostet; endlich der Körting'sche Wasserstaub-Ventilator (Fig. 11), der bei 15 cm Durchmesser des Luftrohres komplett 120 ℳ kostet. Dieselbe Firma baut auch Ventilatoren die mit dem Elektromotor direkt verbunden und somit überaus kompendiös sind. Bei der

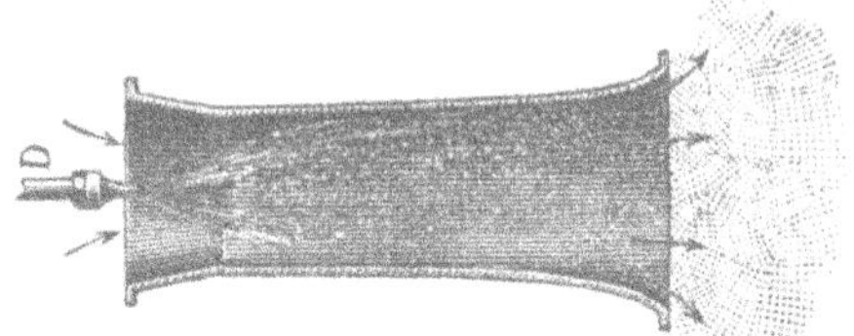

Fig. 11. Wasserstaub-Ventilator von Körting.

Bemessung der Leistung dieser Apparate ist zu berücksichtigen, dafs in der Regel der Luftinhalt eines Raumes stündlich nur dreimal erneuert werden darf, wenn nicht das Gefühl von »Zug« entstehen soll; bei grofsen Räumen aber, denen vorgewärmte Luft durch besonders günstig gelegene Einströmöffnungen zugeführt wird, kann bis zur fünffachen Erneuerung gegangen werden.

Fig. 12. Schraubenventilator von Körting mit Elektromotor.

Um die Ausnutzung der (bisher meist vernachlässigten) absaugenden Kraft der erwärmten Schornsteine für Lüftungszwecke hat sich Ingenieur W. Born in Charlottenburg verdient gemacht. Eine Zimmerlüftung, etwa während der Nacht, durch den Ofen zu bewirken, indem man dessen Verschraubthüre weit öffnet, ist unrationell, weil durch die engen Züge des Ofens nur wenig Luft fortgeführt, der Ofen aber hierbei vollständig ausgekühlt wird.

III. Natürliche und künstliche Beleuchtung.

So sehr die früheren Zeiten, denen weder Gas- und Elektrizität, noch auch Petroleum zur Verfügung stand, die Tageshelle und das Sonnenlicht hätten schätzen sollen, so sehr lassen doch die Bauwerke, die sie uns hinterliefsen, grade in diesem Punkt Umsicht und Verständnis vermissen. W. von Kügelgen spricht in seinen klassisch zu nennenden »Jugenderinnerungen eines alten Mannes« von einer Treppe, »die nach Dresdener Art stockdunkel und unsäglich stinkend war« und diese in alten Häusern herrschende permanente Finsternis, durch die seit vielen Generationen gewohnte unzweckmäfsige Anordnung der Hausflur, Gänge, Treppen und Vorräume wird noch jetzt von vielen Einwohnern dieser Stadt als unvermeidlich und selbstverständlich hingenommen. Wie eine neue Entdeckung kam es deshalb sehr vielen Menschen vor, als sie sahen, dafs neuerdings in freistehenden Wohnhäusern den Räumen von allen Seiten Licht zugeführt wird, ohne deswegen die Herstellungs- oder Mietkosten zu verteuern. Ja, unsere Bauspekulanten sind nun sogar ins andere Extrem verfallen und bringen vielfach so viele Fenster an, dafs die Räume mehr den Eindruck von Leuchttürmen oder Laternen, als von behaglichen Wohnstuben machen. So sehr auch die bakterientötende Kraft der Sonnenstrahlen zu schätzen ist, (die Sonne ist darin ein rechtes Bild der echten Schönheit, die immer zugleich auch zweckmäfsig und nützlich ist) so mufs doch jenes Zuviel als ein Unfug bezeichnet werden, da es häufig zu einer solchen »Zerfensterung« der Vorderfront führt, dafs die Trag- und Standfestigkeit des Mauerwerks dadurch gefährdet erscheint; und da die Vorplätze trotzdem zumeist dunkel bleiben, erkennt man unschwer den Zweck dieses Manövers, nämlich, dem Mieter so und so viele »zweifensterige Zimmer« (wenn sie auch nur 2 1/2 m breit sind) vorrechnen zu können. Das richtige Verhältnis ist es, wenn die gesamte Fensterfläche 1/5 bis 1/6 von der Grundfläche des zugehörigen Raumes beträgt. Zur Not kann auch noch 1/10 genügen. Das Gefühl und Verständnis für einheitliche und ruhige Tagesbeleuchtung eines Raumes wird, nicht blofs beim grofsen Publikum, recht selten angetroffen; es fehlt in solchen Dingen die Erziehung. Gegen ein Zuviel von Licht bieten nicht nur die bekannten Zugjalousien aus Holzbrettchen und bunte Fensterscheiben Schutz; auch die »Mitter-Rouleaux« wären um deswillen empfehlenswert, weil sie die Verdeckung eines beliebigen Teiles eines Fensters, allerdings immer in dessen ganzer Breite, ermöglichen. Die Fabrikation scheint aber leider eingestellt zu sein. Im allgemeinen wird noch viel zu wenig Gebrauch von wirklichen Oberlichtern gemacht, welche an sich finstere, ziemlich wertlose Räume direkt von aufsen zu erleuchten und zu höchst angenehmen Aufenthaltsräumen umzuwandeln vermögen. Zum Schlafen freilich eignen sie sich wegen des mangelhaften Luftwechsels meist nicht. Gewöhnlich werden aber bei solchen »Zenithlichtern« zwei Fehler begangen, welche die Einrichtung in Verruf zu bringen geeignet sind. Erstens dürfen sie nicht direkt in der Dachfläche liegen, weil sie sonst durch den Schnee verfinstert werden und bei Regenwetter nicht geöffnet werden können, und zweitens mufs dem lästigen Abtropfen vorgebeugt werden. Aus beiden Gründen empfiehlt es sich, die Lichtschlote (zur gröfseren Feuersicherheit aus Zementdielen oder Rabitzwänden hergestellt) über das Dach hinauszuführen, an zwei Seiten (also vertikal) mit Glas- oder Blechjalousien zu versehen und oben mit einer als steiles Satteldach aufgesetzten Glaseindeckung fest zu schliefsen. Am unteren Rand, inwendig. werden an den stark geneigten Glasflächen Rinnchen mit Abflufs nach aufsen angebracht. Sehr zu empfehlen ist dann noch ein zweiter (horizontaler) Glasabschlufs am unteren Rand der Lichtschlote. — Für die üblichen, in der Dachfläche liegenden Oberlichtfenster fabriziert Jünemann in Harburg eine besondere Aufstell- und Verschlufsvorrichtung mit leichtem und sicherem Gang für 16 bis 27 ℳ, die zweckmäfsig bei diesem Glasabschlufs in der Zimmerdecke Verwendung findet.

Fig. 13. Wand aus Glasbausteinen.

Eine sehr schätzenswerte Abhandlung über »verglaste Decken und Deckenlichter«, die allerdings mehr gröfsere derartige Anlagen, in öffentlichen Gebäuden betrifft,

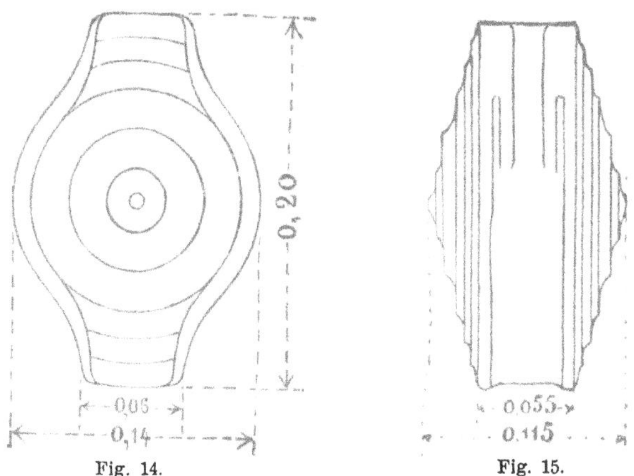

Fig. 14. Fig. 15.

Einzelner Glasbaustein von vorn und von der Seite gesehen.

aus der Feder von Geh. Baurat Dr. Schmitt und Regierungsbaumeister Schacht, enthält das Heft 2 der bei Bergsträfser in Darmstadt erscheinenden »Fortschritte auf dem Gebiete der Architektur«.

Wo es sich nur um Beleuchtung und nicht auch um Lüftung handelt, wird häufiger als bisher von den Glasbausteinen (Fig. 13/15) (Glashüttenwerke Adlerhütten) Gebrauch zu machen sein. Wenn sie auch nicht als Ersatz für Brandmauern gelten können, so schützen sie doch

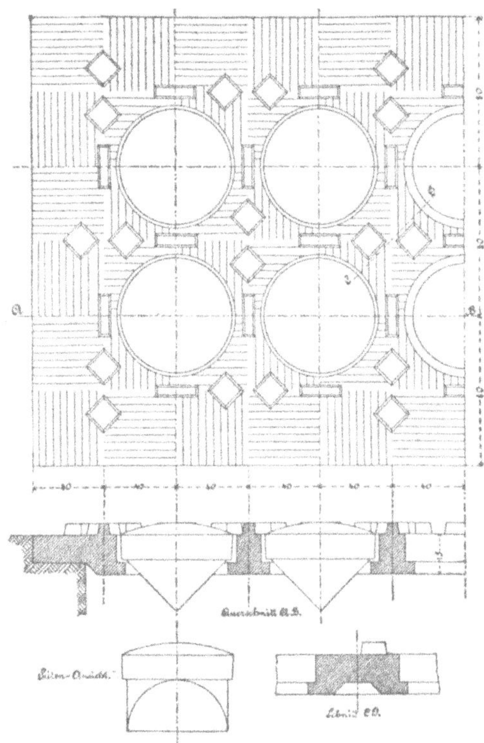

Fig. 16. Strafsen-Einfall-Lichtgitter.

recht gut gegen Hitze und Kälte. 1 qm enthält (je nach dem Format) 45, 50 oder 60 Stück und kostet etwa 12 bis 15 *M*. Auch das Siemens'sche Drahtglas ermöglicht die Lichtzuführung in manchen Fällen, wo sie sonst nicht möglich oder doch nicht ratsam wäre, weil es gegen mechanische Zerstörung (auch durch Feuer) sehr widerstandsfähig ist. Es kostet bei 10, 15 und 20 mm Stärke für 1 qm bezw. 11, 20 und 30 ℳ. Die gröfste Plattenlänge ist 2,50 m. — Etwas beschränkter in der Anwendung, teuerer, aber auch widerstandsfähiger als das Drahtglas sind die Strafsen-Einfall-Lichter oder Einfall-Lichtgitter (Fig. 16), von den Engländern und Amerikanern als Pavement- oder Prismatic Lights bezeichnet und schon längst benutzt. Sie bestehen aus gufseisernen Rahmen, in welche die »Schuppen« genannten Glaskörper, oben linsenförmig, unten prismatisch, eingelegt und verkittet werden, und eignen sich besonders zur Abdeckung von Lichtschächten (vor Kellerfenstern), über denen Fufs- oder Fahrverkehr stattfindet. Ein Gitter von 96 × 48 cm (die Mafse steigen von 8 zu 8 cm) kostet beispielsweise 20,40 ℳ, 1 qm also ca. 42 ℳ. Endlich sind hier zu erwähnen die Vorrichtungen, deren Zweck durch ihre Bezeichnung als Tageslichtwerfer oder Reflektoren genügend ausgedrückt wird. Die durch sie erzielte grelle und kalte Beleuchtung kann zwar nicht angenehm genannt werden, genügt aber doch für manche Zwecke und vermag manchen sonst finsteren Raum (Keller, Treppenflur, Küche) leidlich nutzbar zu machen. Sie bestehen aus breitgeripptem Krystallglas, werden mittels Stangen und Schrauben in der richtigen Stellung befestigt und kosten (z. B. bei den Altona-Hamburger-Installations- und Emaillir-Werken in Altona) für ½ qm ungefähr 38 ℳ. Auch die fabrikmäfsig (z. B. von F. F. A. Schulze in Berlin) hergestellten Metall-Hohlspiegel können, z. B. zur Beleuchtung einer Vorsaalthüre, benutzt werden. Nur der Vollständigkeit wegen sei auch noch des »Tektorium« genannten, von Gust. Pickhardt in Bonn fabrizierten Ersatzmittels für Glas gedacht. Nicht unähnlich dem Drahtglas besteht es aus einem feinen Drahtgewebe, das in eine elastische, durchscheinende Masse eingebettet ist, die wohl aus Leinöl gewonnen wird. Von Feuersicherheit kann dabei keine Rede sein; gleichwohl empfiehlt sich dieses Surrogat für provisorische Zwecke z. B. bei grofsen Festhallen, wo man die Fensteröffnungen bisher, wenig sturmsicher, meist mit geölter Leinwand verschlofs, oder bei wenig beaufsichtigten Gartenhäusern. Es wird in 7 m langen, 1,20 m breiten Rollen hergestellt; 1 qm kostet 5 ℳ.

Auf künstliche Beleuchtung der Räume soll zwar hier nicht näher eingegangen werden, beiläufig seien aber doch die höchst kompendiösen Einrichtungen erwähnt, die man jetzt hat, um einzeln gelegene Grundstücke mit selbst erzeugtem Gas zu beleuchten. Der Luftgaserzeuger »Sirius« stellt auf kaltem Wege aus Gasolin (einem Nebenprodukt bei der Petroleum-Raffinerie) ein zu allen üblichen Zwecken geeignetes helleuchtendes Gas her und kostet für zehn Flammen 480 ℳ. Auch die Gasdruck- und Gaskonsum-Regulatoren sollten von den Baumeistern fleifsiger empfohlen und benutzt werden, als es geschieht; es ist zu wenig bekannt, dafs damit bis zu 40% Gas erspart werden kann. In den städtischen Gasleitungen ist zumeist 25 bis 45 mm Druck vorhanden, das Maximum der Leuchtkraft wird aber erzielt bei nur 2,1 mm Gasdruck mit 0,7 mm weitem Schnittbrenner; die mit geringem Druck verbundene Ersparnis liegt auf der Hand. — Zur Beleuchtung von Bauplätzen liefert Domcke in Berlin »Sturmbrenner«, die ohne Lampe 5 ℳ kosten, und deren Verbrauch an »Gasstoff« stündlich 2 bis 6 ₰ kostet. Die »Komet«-Gasfackel wird mit gewöhnlichem Petroleum gespeist, und kostet, bei ca. 350 Kerzen Lichtstärke, komplett 171 ℳ. Das »Dürr-Licht« endlich, gleichfalls für gewöhnliches Petroleum geeignet, kostet für 3500 Kerzen Lichtstärke, 250 ℳ. — Das Bedürfnis nach künstlicher Beleuchtung steigert sich mit der Bequemlichkeit seiner Befriedigung. Allen Anzeichen nach stehen wir im Ausgange der Petroleumzeit, immerhin beträgt der Petroleum-Verbrauch in Deutschland pro Kopf jährlich noch 15 kg.

Des allgemeineren Interesses wegen sei hier auch folgendes Ergebnis amerikanischer Versuche mitgeteilt. Um denselben Helligkeitsgrad zu erreichen, sind erforderlich in einem Raum mit glatten, weifsgetünchten Wänden 15, mit naturfarbner oder hellgestrichener Holzverkleidung 50, mit alten dunkeln Holzpanelen 80, mit hellgelber Tapete 60, mit blauer Tapete 72, mit dunkelbrauner Tapete 87, mit schwarzem Tuchausschlag 100 Kerzen.

IV. Die Erzielung und Erhaltung der Trockenheit.

Es ist hauptsächlich eines der unvergänglichen Verdienste Pettenkofers, nachdrücklich auf die Bedeutung hingewiesen zu haben, die der unter unsern Wohnhäusern befindliche Baugrund für deren Luft und für die Gesundheit ihrer Bewohner hat. Er hat, wohl als erster, nachgewiesen, dafs selbst im reinen Kiesgrund sich Kohlensäure vorfindet und dafs die Grundluft und die Kellerluft durch die oberen Geschosse wie ein mächtiger Strom, unmerklich, aber ununterbrochen, hindurchzieht. Dr. Forster hat in einem Haus, dessen Keller gärenden Most enthielt, in den Erdgeschofsräumen 50 %, im 1. Obergeschofs 38 % Kellerluft nachgewiesen. Jeder Leder- und jeder Eisenhändler vermeidet die Lagerung seiner Waren in gewölbten Kellerräumen, weil die Luft mangels des Abzugs nach oben sich hier feuchter erhält als in Balkenkellern; in Bodenräumen, deren Dachflächen inwendig luftdicht (etwa mit Gipsdielen und Dachpappe) verkleidet sind, kann man den feuchten Niederschlag aus der aufsteigenden warmen Luft beobachten, und es ist fast unmöglich, dieses Aufsteigen des Luftstroms nach allen geheizten oder durch die Sonne erwärmten Räumen gänzlich zu verhindern, wohl aber kann verhütet werden, dafs er aus dem Boden gasförmige Produkte der Zersetzung und Verwesung organischer Stoffe mit sich führt, oder dafs das Grundwasser die Auslaugung solcher Stoffe an die Fundamente und Kellermauern abgibt. Zu dem Zweck sind zunächst die Mafsnahmen zu betrachten, die bei sanitär zweifelhaftem oder bedenklichem Untergrund anzuwenden sind. Ein Radikalmittel zu seiner Assanierung, etwa durch Desinfektion, gibt es bekanntlich nicht; gleichwohl tritt bei dem rapiden Wachstum unserer grofsen Städte der Fall gar nicht selten ein, dafs auf Plätzen gebaut werden mufs, die vorher mit Abraum aller Art aufgefüllt wurden, Sumpf oder gar Friedhof waren. Ist hier der Grundwasserstand beständig ein sehr tiefer oder gelingt es, den Untergrund durch Drainage trocken zu legen und zu erhalten, wird auch für beständige Lüftung der Kellerräume gesorgt, so werden die üblichen Vorsichtsmafsregeln zur Trockenhaltung der Kellerräume zumeist genügen.

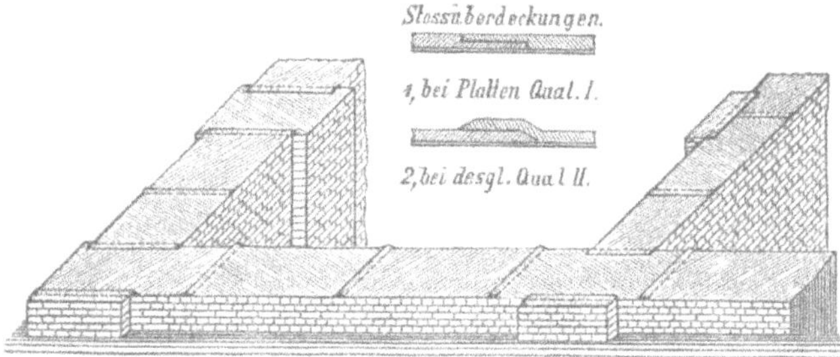

Fig. 17. Kellermauern mit Asphaltfilz-Isolierung.

Sie sind bekannt genug, freilich ohne deswegen in allen erforderlichen Fällen auch angewendet zu werden.

Einen vorzüglichen Abschlufs gegen die aus dem Untergrund nach den Kellerräumen aufsteigende Feuchtigkeit und luftverderbenden Gase bildet eine einzige, grofse Betonplatte, etwa 50 cm dick oder stärker, auf welche das ganze Gebäude gestellt wird und an die sich seitlich Futtermauern, die unten besprochen werden, wasserdicht anschliefsen. Trotz der nicht unerheblichen Kosten sollte diese Sicherung in vielen Fällen angewendet werden, wo man jetzt mit halben Mafsregeln glaubt durchkommen zu können.

An Stelle der nicht unbedingt zuverlässigen Dachpappe, die als einfachste Isolierung vielfach über den Gründungen verlegt und eingemauert wird und in gewisser Hinsicht mehr als die ausgegossenen Asphaltschichten, sind die Asphaltfilzplatten zu empfehlen, die in Rollen von 23 m Länge und 81 cm Breite (u. a. bei Hoppe & Röhming, Halle a. S.) zu haben sind und von denen 1 qm 90 ₰ kostet. Ferner ist hier an die Blei-Isolierplatten von Siebel zu erinnern, die besonders auch durch den innigen Verband der Stöſse sich auszeichnen. Das laufende Meter Platte kostet beispielsweise bei 65 cm Mauerbreite 1,12 ℳ. — Zur Abhaltung der seitlich zutretenden Nässe können die vorgenannten bituminösen Fabrikate gleichfalls Verwendung finden; in den meisten Fällen wird sich aber die Herstellung von äuſseren

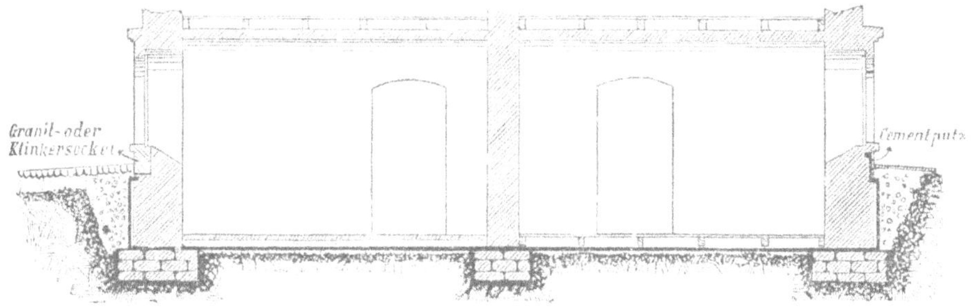

Fig. 18. Keller-Isolierung gegen Grundfeuchtigkeit.

Isolierräumen mit Hilfe von Futtermauern vor den Umfassungsmauern, welche das Erdreich und damit die Nässe von den Kellermauern fernhalten, mehr empfehlen. Mitunter ist es auch möglich, die Umgebung derselben durch ein Drainagesystem trocken zu legen; die dazu erforderlichen unglasierten Thonrohre kosten beispielsweise in Bischofswerda bei ca. 30 cm Länge und 6 cm l. W. das Tausend 32 ℳ. — In Dresden sieht man häufig Gartenmauern aus reiner Sandsteinarbeit, also mit Aufwand und Luxus hergestellt, aber von den dahinter angehäuften Erdhügeln (Sitzplätzen) nicht isoliert und infolgedessen in der häſslichsten Weise mit schmutziger und salzhaltiger Bodenfeuchtigkeit durchtränkt. An die fast kostenlos zu bewirkende Herstellung einer Futtermauer (zu der alle Überbleibsel gut genug wären) haben die Herren Baumeister nicht gedacht.

Sehr wichtig für die Frage der Trockenheit sind die hygroskopischen Eigenschaften des Steinmaterials, und sehr wenig empfehlenswert aus diesem Gesichtspunkt ist die Herstellung der Kellermauern aus Sandstein oder Plänern (schieferiger Kalkmergel). Wer sich darauf hin die älteren Häuser in Dresden ansieht, kann viele abschreckende Beispiele finden. Der Ziegelstein verdient schon aus diesem Grunde die Bevorzugung. Es kommt aber noch mehr dazu. Dafs Ziegelmauerwerk rascher austrocknet als fast alle natürlichen Steine (etwa Tuffsteine ausgenommen), ist eine heute so allgemein bekannte Thatsache, dafs selbst

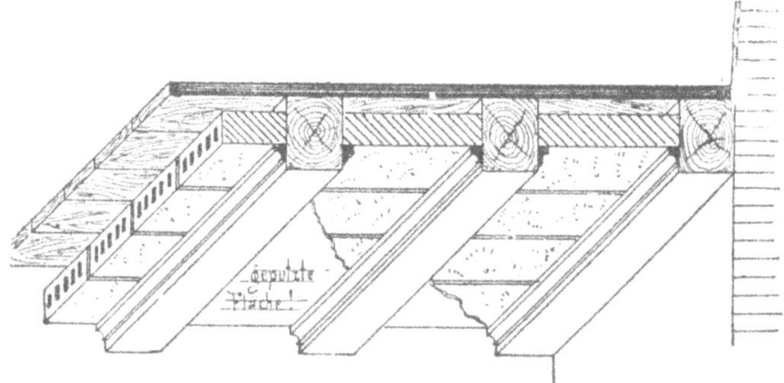

Fig. 19. Spreutafeln von Dr. Katz.

die Spekulanten fast ausnahmslos zu diesem Material greifen, um ihr Unternehmen bald zinstragend zu machen. Weniger bekannt sind aber die Vorteile, welche in dieser und in sanitärer Hinsicht bei unbelasteten Scheidewänden mit solchen Steinen erzielt werden können, welche die Feuchtigkeit rasch aufsaugen. Dazu gehören in erster Linie die aus Bimssand hergestellten Schwemmsteine. Vom Format 10 × 12 × 25 cm kostet in Weifsenthurm a. Rh. das Tausend 18 ℳ, Kaminrohre von 21 cm l. W. mit 8 cm Wandstärke und 30 cm lang kosten 25 ₰. Ferner kommen hier in Betracht die Korksteine, welche Grünzweig & Hartmann in Ludwigshafen im Normalformat für 10 ℳ das Hundert liefern. Noch vollkommener erreicht wird die trockene Bauausführung, wenn Scheidewände und Füllung der Zwischendecken (Fig. 19) aus solchen fertigen, plattenförmigen Bauteilen hergestellt werden, die bei ihrem endgültigen Aufbau bzw. Verlegen nur wenig oder gar keinen Mörtel brauchen. Auſser den genügend bekannten Gips- und Spreudielen seien hier noch besonders erwähnt die de Bruyn'schen Wände, die bei 10 cm Dicke, mit Putz fix und fertig, pro Quadratmeter 4,20 ℳ kosten, ferner die von Hohlräumen durchzogenen Stolte'schen Stegzementdielen, von denen 1 qm fertige Decke einschlieſslich unterer glatter Putzfläche 4 bis 4,50 ℳ kostet; auch Böcklen's Zementdielen (mit wabenförmigen Verstärkungsrippen an der Rückseite) sind zu Wand- und Decken-Konstruktionen sehr brauchbar. Schneider in Neuwied fabriziert unter dem Namen »Isolierbimsdecke« aus Bimsbeton kastenartige Hohlkörper in der Höhe und

Fig. 20. (7 cm starke Stegzementdielen mit Bandeisen-Einlage, darüber leichte Füllung — Steinkohlenschlacken — mit den Lagerhölzern für die Dielung.)

Felderbreite der eisernen Träger, deren Hohlräume mit losen Bimsstücken ausgefüllt und mit einer Deckschicht aus Bimsbeton abgeglichen werden. 1 qm solcher Decke, 20 cm dick, wiegt 125 kg.

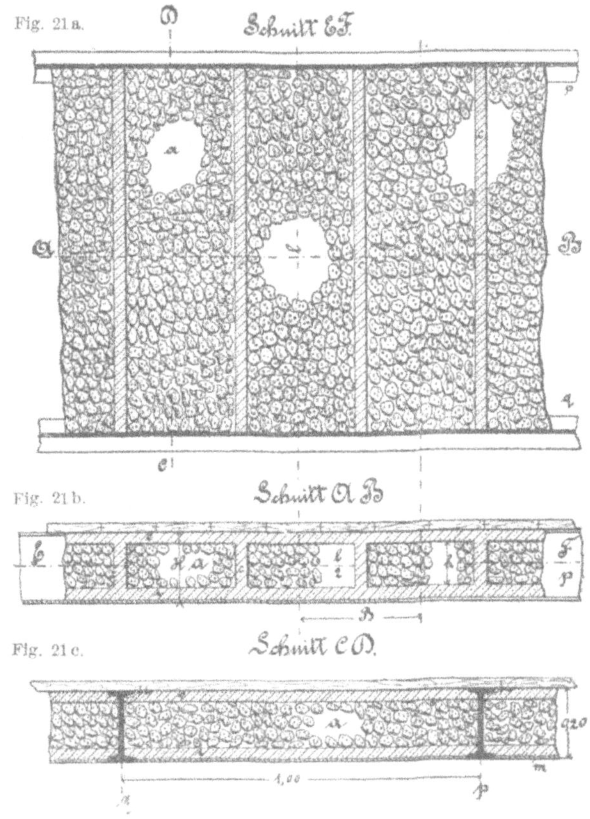

Isolierbimsdecke von Schneider.
Fig. 21a ist ein Horizontalschnitt, Fig. 21c ein Vertikalschnitt durch die Deckenträger; Fig. 21b ist ein Schnitt parallel zu denselben.

Auch die Trockenhaltung der hölzernen Fufsböden wird in neuerer Zeit mit Recht mehr beachtet als früher. Heym in Plagwitz fabriziert zu dem Zweck »Ventilations-Sockelleisten«, die in zweckmäfsiger Weise eine Kommunikation des Zimmerraumes mit dem Luftraum unter der Dielung herstellen. Sie kosten in Kiefer bei 6 cm Höhe für 1 m 43 ₰, sie werden aber auch in Eiche und von 4 bis zu 12 cm hoch hergestellt. Noch weiter geht die Vorsicht hinsichtlich der Trockenheit bei dem »Deutschen Fufsboden« von Hetzer in Weimar, bei dem auch die Lager als hohle Kasten konstruiert und für Luftwechsel eingerichtet sind.

Da auch schwere Gipsdecken und massige Stuckgesimse durch ihre Herstellung und eigenen Feuchtigkeits-

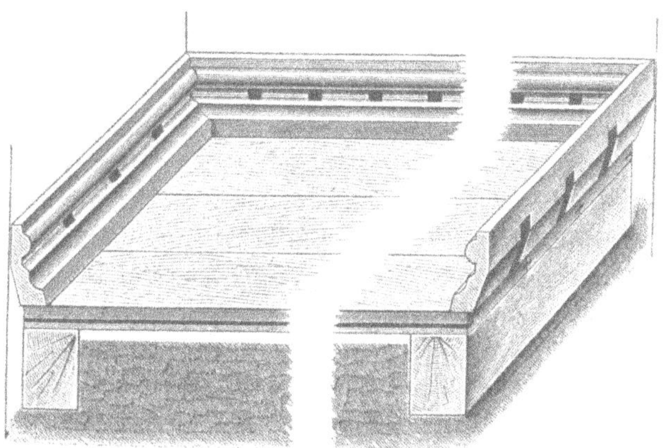

Fig. 22. Ventilations-Sockelleisten von Heym.

gehalt viel Wasser in einen Neubau zu bringen geeignet sind, so sei hier im Vorübergehen auch der Papierstuck- und Xylogenitdekorationen gedacht, die fertig und vollkommen trocken an Ort und Stelle gelangen und zum Teil (z. B. von Schröter in Ehrenfriedersdorf) nach stilvollen Modellen vorzüglich scharf angefertigt werden. Auch die Decken, Vouten und Paneele aus geprefsten Holzfournieren von Harrafs in Böhlen verdienen in dieser Hinsicht Erwähnung.

Dafs bei einer umsichtigen Bauausführung der unnötige Zutritt von Wasser durch unachtsamen oder böswilligen Gebrauch der provisorischen Wasserleitung, durch fehlende

Abdeckung des offenen Baues während des Winters oder mangelhafte Ableitung von den halbfertigen Dachrohren wie durch ungezogenes Urinieren der Arbeiter, thunlichst verhütet wird, versteht sich von selbst.

Zur Beschleunigung des Austrocknens eines Neubaues gibt es aufser der Wahl der richtigen Baumaterialien noch das weitere Mittel des Ausheizens. Die primitivste Einrichtung zu diesem Zweck sind die Kokekörbe, die etwa die Form eines Papierkorbs auf drei hohen Beinen haben, aus Flach- und schwachen Rundeisen hergestellt werden und bei A. Benver in Berlin, C. pro Stück 7 ℳ kosten. Da bei ihnen der Kohlendunst sich im ganzen Raum frei verbreitet, sind sie für das sie bedienende Personal ziemlich gefährlich. Besser in dieser Hinsicht ist Kori's und Keidel's Patent-Schnelltrockner mit Blechmantel, Fufsbodenblech, Deckenschutzschirm und Haube. Er kostet komplett 65 ℳ. Noch einen Schritt weiter geht St. v. Kosinski mit seinem Apparat, der beständigen Luftwechsel erzeugt. Als Ersatz für Koke werden zum Gebrauch in Kokekörben die Prefsholzkohlen-Trocken-Briketts (von Schmid in Martinikenfelde) sehr empfohlen. 100 kg (ca. 300 Stck.) kosten in der Fabrik 30 ℳ. Die Betrachtung über Trockenheit der Neubauten sei mit einem Hinweis auf die Ausführungen von Sondén in Stockholm (in der Hygien.-Rundsch.) beschlossen. Es wird dort die jedem erfahrenen Baumeister bekannte Thatsache erhärtet, dafs die Trockenheit des Verputzes für die des Mauerwerks durchaus keinen zuverlässigen Mafsstab darbietet. Trotzdem beurteilen bekanntlich die deutschen Medizinalbehörden die Beziehbarkeit eines neuen Hauses nur nach diesem Anzeichen. Die Menge des freien Wassers und des an den Kalk noch gebundenen Hydratwassers soll hiernach folgende Grenzwerte nicht übersteigen: 1 % (nach Gläfsgen), 1 bis 1½ % (nach Bischoff) und 1½ bis 2 % (nach Lehmann). Wenn man weifs, welche Zufälle bei der Entnahme und dem Transport der kleinen

Putzprobe bis zu ihrer Untersuchung im Laboratorium mitspielen können, so wird man jedenfalls dem italienischen Verfahren (Ratti) den Vorzug geben, wobei in einem abgeschlossenen Raum des Neubaus selbst mittels des Kondensations-Hygrometers das Sättigungsverhältnis bestimmt wird; der Grenzwert liegt bei 0,75. Selbst Mantegazza's empirisches Verfahren hat mehr Wahrscheinlichkeit für sich; hierbei werden 500 g ungelöschter Kalk in dem Raum aufgestellt, seine Gewichtszunahme darf nach 24 Stunden höchstens 5 g betragen, wenn der Raum bezogen werden soll. — Bedenkt man, dafs in einem mittelgrofsen städtischen Wohnhause, nach herkömmlicher Art gebaut[1]), etwa 85000 l Wasser zur Verdunstung gelangen müssen, ehe es ohne Gefahr bewohnbar wird, so wird man die strengen Vorschriften mancher Behörden in dieser Richtung nicht übertrieben oder unnötig finden. Für die Leipziger Bauordnung z. B. waren folgende Termine aufgestellt worden:

Fertigstellung des Rohbaus zwischen	Beziehbarkeit der Wohnungen frühestens
1. Dezember und 31. Mai	1. Oktober,
1. Juni » 31. August . .	1. April,
1. September » 30. November	1. Juli.

Für Wohnungen, die (unverständigerweise) sofort tapeziert worden sind, sollten sich diese Termine noch um je drei Monate verlängern, Wohnungen in Kellern hingegen und in Seiten- und Hintergebäuden, deren Fenster nach Norden gelegen sind, sollten ein Jahr lang nach der Rohbaufertigstellung leer stehen bleiben. Thür- und Fensteröffnungen dürfen während der ersten drei Monate nur mit losen Brett- oder Juteverschlüssen versehen werden. Feuchter Beschlag, ja selbst Schimmel und Pilze an den kalten Mauern ist indessen nicht immer notwendig ein

[1]) Dem Fachmann sei hier die Schrift von R. Klette: Der Trockenbau, Halle a. S., Wilhelm Knapp, zur Beachtung empfohlen.

Zeichen von deren innerer Feuchtigkeit; so wie erhitzte trockne Luft Wasserdampf begierig aufsaugt, so gibt sie ihn, wenn sie damit gesättigt ist, z. B. in ungeheizten, dichtbesetzten Schlafstuben, oder in Wohnstuben, wo gekocht wird, bereitwillig an kalte Flächen, z. B. Fensterscheiben oder schwache Umfassungsmauern, wieder ab. Entwickelt doch auch ein Mensch in 24 Stunden 1 bis 1¼ kg Wasser durch Ausdünstung und Atmen.

V. Die Beschaffung und Erhaltung der Wärme.

Unsere natürliche und wichtigste Wärmequelle ist die Sonne. Die Wärmemenge, welche die Sonne der Erde zusendet, ist enorm; sie beträgt (nach Savelief) an der obern Grenze unsrer Atmosphäre pro Quadratcentimeter in der Minute 3,47 Cal., wovon beim Durchgang durch die Atmosphäre freilich 63,5% von dieser absorbiert werden. Schon wegen der natürlichen Erwärmung, ganz abgesehen von der Unentbehrlichkeit der Sonne für alles organische und somit auch menschliche Leben, sollten unsere Wohnhäuser so gestellt werden, dafs wenigstens die zum Wohnen und Schlafen bestimmten Räume zeitweilig von der Sonne beschienen werden. Aus demselben Grunde müfste es beim Entwerfen neuer Bebauungspläne vermieden werden, Strafsenzüge, an denen geschlossene Häuserreihen errichtet werden sollen, genau von Ost nach West zu führen, weil sonst die eine Häuserreihe mit der Hauptfront ebenso genau nach Norden gelegen ist, während die andere Häuserreihe von der Sonne zu reichlich bedacht wird. Soweit man die Wahl hat, wird dem Wohnhause eine mit der Hauptseite nach Südost oder Südwest gerichtete Stellung zu geben sein. Unser Klima bringt es mit sich, dafs die baulichen Mafsnahmen und Einrichtungen, die uns gegen zu grofse Sonnen- und Luftwärme schützen sollen, ganz zurücktreten gegen diejenigen, welche bestimmt sind, die natürliche oder künstlich geschaffene Wärme in den

Räumen zurückzuhalten. Es sind somit zunächst die Mafsregeln zu betrachten, die bei der Konstruktion des Gebäudes selbst, d. h. der Wände, Decken und Dächer, Thüren und Fenster zu empfehlen oder zu wählen sind, um die Innenräume gegen zu rasches Abkühlen zu schützen. Dafs dicke Steinmauern und schwere Gewölbe hierzu nicht die besten Mittel sind, ist wohl jetzt allgemein anerkannt. Kein Steinmaterial, kein Metall und keine Holzart ist ein so schlechter Wärmeleiter wie atmosphärische Luft, und wir können deshalb in keiner Weise wärmer bauen, als wenn wir möglichst viel Luft in die Wände und Decken mit einbauen. Während z. B. bei 1° Temperaturunterschied aufsen und innen durch 1 qm Wand (immer von gleicher Dicke) aus Eisen 20 bis 28, aus Backstein 0,69, aus Holz 0,17 Wärmemengen durchgehen, überträgt eine abgesperrte Luftschicht nur 0,01 bis 0,04. Diese Eigenschaft der Luft ist zwar gleichfalls schon lange bekannt, aber doch ist bisher eine Hauptbedingung dabei unbeachtet geblieben. Die Luft darf innerhalb der Hohlräume keine freie Bewegung behalten: sie mufs thatsächlich eingesperrt und zum Stagnieren gezwungen sein. Bildet die Luft in den Mauern flache, vertikale Hohlräume, so tritt durch Erwärmen von innen — oben und durch Abkühlen von aufsen — unten eine Zirkulation ein, und die Folge ist eine Abkühlung des Zwischenraumes im ganzen, die z. B. zum Gefrieren auch zwischen den Doppelfenstern führt. Aus diesem Grunde ist es zweckmäfsiger, Aufsenmauern aus Hohl- oder Lochsteinen, anstatt mit sogenannten Isolierwänden herzustellen. Noch besser wird der Zweck aber erreicht bei der Verwendung starkporiger Materialien; Tuffsteine stehen freilich in den meisten Gegenden nicht zur Verfügung, dafür gewähren aber eine ganze Reihe von Surrogaten[1]), deren Zahl noch immer

[1]) Eine ausführlichere Behandlung derselben durch den Verf. findet sich im 6. Heft, Band 36 des »Civil-Ingenieur« (Arthur Felix, Leipzig) vor.

wächst, reichlichen und zweckmäfsigen Ersatz. Wie weit deren Festigkeit als tragende Konstruktion genügt, wird in dem einzelnen Fall zu erwägen sein, für uns kommt

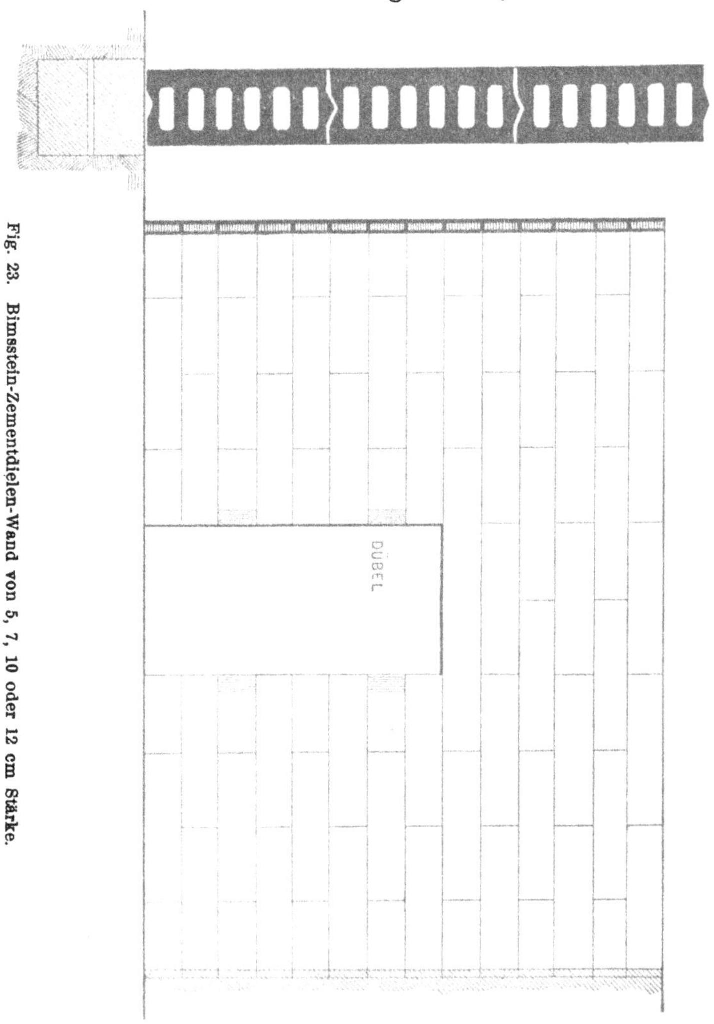

Fig. 23. Bimsstein-Zementdielen-Wand von 5, 7, 10 oder 12 cm Stärke.

hier nur ihr Wärmereservations-Vermögen in Betracht. Obenan dürften immer noch die weifsen Korksteine stehen, die aber zufolge ihres Bindemittels (Luftkalk und Thon) nicht wasserfest sind. Besser in dieser Hinsicht sowohl, wie im Verhalten gegen Feuer, sind die Isolierbimssteine von Schneider in Neuwied, die aus reinem Bimsstein, Kieselguhr und Zement angefertigt werden, und deren Wärmeleitungskoëffizient fast ebenso gering ist wie der von

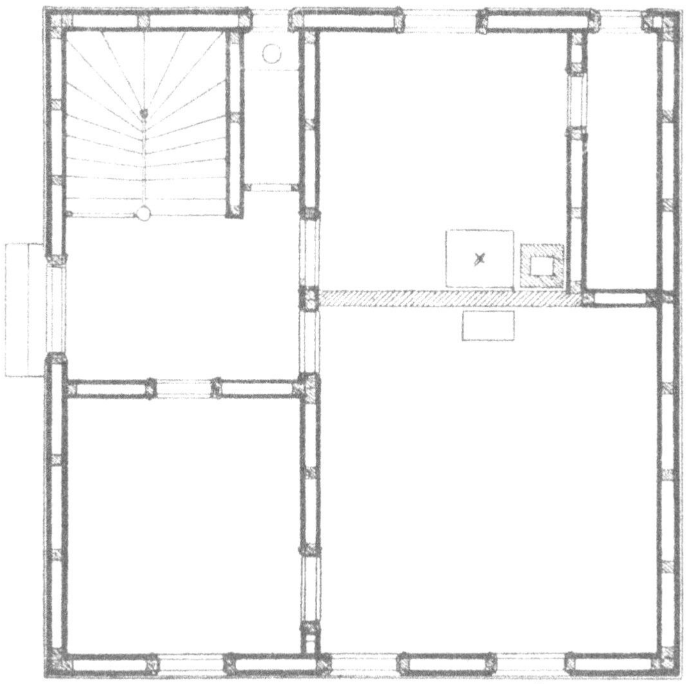

Fig. 24. Das eigentliche Skelett der Wand besteht aus 5 × 12 cm starken Holzsäulen oder aus I Eisen mit Holzausfütterung.

Korksteinen. Ferner entsprechen der besonderen Anforderung die meisten Fabrikate, die als platten- oder brettförmige Körper aus Schilfrohren, Spreu, Torfmull, Holzwolle u. s. w. mit Gips als Bindemittel oder aus Zement mit Hohlräumen im Innern oder an der Rückseite hergestellt werden. Sie sollten z. B. stets als Ersatz der ganz unkonstruktiven Sparrenausmauerung, wie sie in Dresden bei Dachwohnungen üblich ist, verwendet werden, und bei richtiger Auswahl müfste es auch gelingen, schlichte Wohnhäuschen nach amerikanischem Muster, aber warm und feuersicher, fast ebenso billig wie aus Holz, mit ihrer Hilfe herzustellen. Die meisten dieser Surrogate eignen sich auch ohne weiteres zur Verwendung bei Deckenkonstruktionen, die namentlich bei Wohnräumen

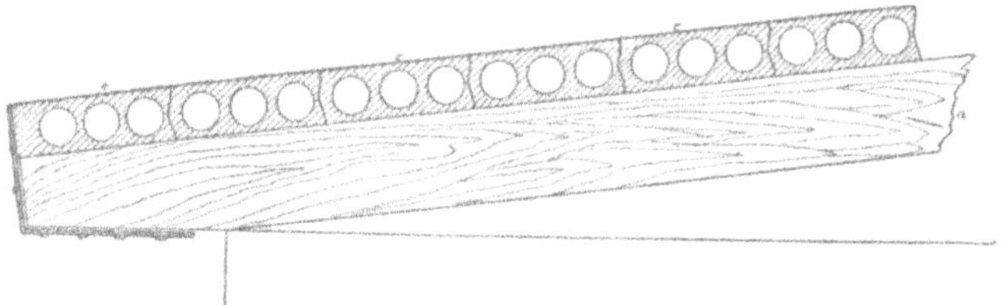

Fig. 25. *a* sind die Dachsparren, *c* die Hohldielen aus Gips, durch die vorgenagelten Haken *b* am Abgleiten verhindert.

unter den jetzt so beliebten Holzzementdächern mehr mit Berücksichtigung des Schutzes gegen Wärme und Kälte erfolgen sollten.

Um das Prinzip der Lochsteine mit voller Sicherheit auch bei Gewölbkonstruktionen (z. B. über kalten, zugigen Hausfluren oder Durchfahrten) anwenden zu können, verdient das System Wingen Empfehlung, bei dem die

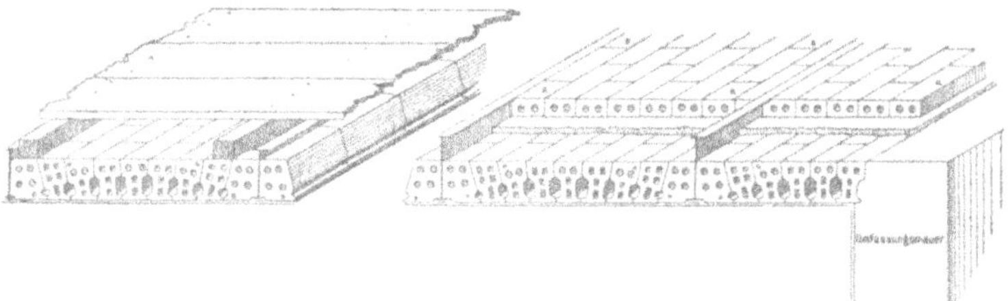

Fig. 26. Links ist ein Brettfufsboden, rechts ein Zement- oder Asphaltfufsboden angenommen.

Hohlräume so verteilt sind, dafs sie die Tragfähigkeit nicht schmälern. Auch »Schmidt's Decke«, aus Thonkörpern, Wellblech und Beton mit Hohlräumen bestehend, schützt gegen Abkühlung des Fufsbodens, ja sie könnte vielleicht sogar samt den Wänden aus Stegzementdielen, nach Art eines Hypocaustum mit einer Heizvorrichtung in Verbindung gebracht werden. Sofern die Kleine'sche Decke aus den starkporigen Schwemm- oder aus den

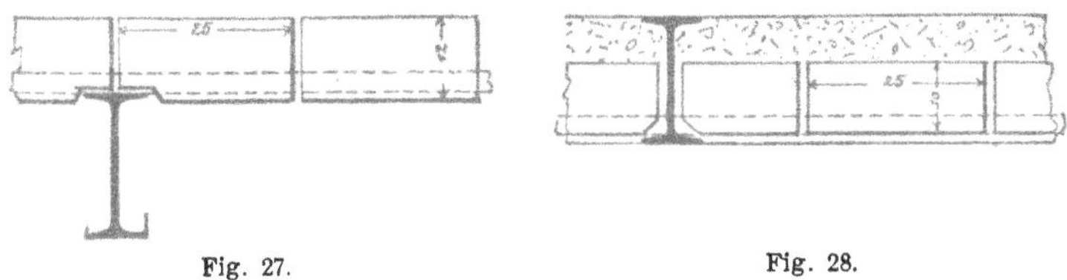

Fig. 27. Fig. 28.

vorzüglichen »porösen Lochsteinen« der Muldensteiner Werke (bei Bitterfeld) mit Einlage von Bandeisen zwischen den Rollschichten hergestellt wird, ist sie gleichfalls zu den warmhaltenden Konstruktionen zu zählen. Mit den meisten dieser porigen Materialien wird auch gleichzeitig die »Hellhörigkeit« eines Gebäudes vermindert, weil der Schall bei jedem Übergang aus einem Medium in ein dünneres oder dichteres reflektiert und abgeschwächt wird. Ganz anders verhält sich in dieser Hinsicht Stampfbeton.

Im Zusammenhang mit der Besprechung der Wände in Bezug auf Wärme sind auch die Rauchkanäle in denselben zu erwähnen. In Frankfurt a. M. war es früher allgemein üblich, als Schornsteine thönerne Röhren einzumauern. Man erhielt dadurch dichte, glatte und gleichweite Abzugskanäle, unterbrach aber auch den Verband in den meist nur schwachen Mauern in der bedenklichsten Weise, weil die dicken cylinderischen Rohre keinen dichten Anschlufs des Mauerwerks ermöglichten. Diesem Übelstand wird durch die Thonröhren in prismatischer Form, System Soltau, wirksam abgeholfen. Sie werden in den verschiedensten, dem Ziegelverband angepafsten Abmessungen, von 10 bis zu 48½ cm lichter Weite, einzeln und bis zu dreien gekuppelt, geliefert und kosten beispielsweise als doppeltes Rauchrohr, je 21 × 21 cm i. L. weit und 69 cm lang, 7,75 ℳ. Da bei unserem Beispiel die äufseren Abmessungen der Grundfläche nur 51½ × 26 cm betragen, so bedarf die Raumersparnis gegenüber gemauerten Rauchkanälen keiner Betonung weiter, und die so sehr zu empfehlende Forderung eines besonderen Schornsteines für jeden Ofen wird in den meisten Fällen erfüllbar sein. — Der Schornsteinrohre aus Schwemmsteinmasse wurde schon gedacht; sie werden dort den Vorzug verdienen, wo der Rauchkanal starker Abkühlung ausgesetzt ist, z. B. in äufseren Umfassungsmauern. Endlich sollen hier die Schornstein-Bestandteile aus Zementbeton von Perle in Hagen erwähnt werden. Es sind aufsen vierkantige, cylindrische oder elliptische Rohre, je 5 Schichten = 38½ cm hoch mit je einer Binderplatte von 1 Schicht = 6½ cm Höhe dazwischen. Sie ermöglichen die Anlage von 22 cm weiten Rauchrohren in 1 Stein starken Mauern, ohne Vorsprünge nach aufsen zu verursachen. Vor den Thonröhren verdienen sie den Vorzug, weil sie mit dem Kalkmörtel des Mauerwerkes rascher und fester sich verbinden. Was den Einflufs der Fenster auf die Warmhaltung von Innenräumen betrifft, so ist die Bedeutung einer zweckmäfsigen Falzung und einer dicht anziehenden Verschlufsvorrichtung zwar nicht zu unterschätzen; viel mehr ins Gewicht fällt aber doch immer die Abkühlung durch die Glasflächen und das dadurch erzeugte, höchst unbehagliche Herabsinken kalter Luftströme. Wenn man bedenkt, dafs Glas die Wärme viel besser leitet als gebrannter Thon (0,75 bezw. 0,5), dafs es aber trotzdem günstigsten Falles nur mit 1/32 der Dicke von diesem verwendet wird (4 mm dickes Tafelglas, 13 cm dickes Ziegelmauerwerk), so müfste eigentlich die Forderung von Doppelfenstern bei allen geheizten Räumen von jedermann als selbstverständlich erkannt werden. Es geschieht dies aber heute noch nicht einmal bei allen Schulneubauten, wo doch auch mit der Möglichkeit zu rechnen ist, dafs die einfache Glasscheibe zerbrochen wird. Um die Fensterfalze dicht schliefsend zu machen, hat man die aufgehenden Rahmen in sinnreicher Weise mit vorstehenden Zinkblechstreifen beschlagen, die sich in geschlossenem Zustand in Filzstreifen eindrücken, welche an den festen Blindrahmen angebracht sind. Ist der Zug durch die Falze erst einmal in so wirksamer Weise abgesperrt, so würde es dann in den meisten Fällen genügen, den einfachen Fensterrahmen mit doppelter Verglasung zu versehen, nur müfste die zweite Verglasung zum Aufklappen (vielleicht als ganz leichter Flügel an Metallrahmen) eingerichtet werden, damit beide Verglasungen von allen Seiten rein gehalten werden können. — Gegen einen recht empfindlichen Übelstand, das Beschlagen oder Gefrieren der grofsen Schaufensterflächen, ist das Publikum, wie gegen ein Fatum, merkwürdig gleichgültig, obgleich doch dadurch der ganze Zweck der kostspieligen Einrichtung wenigstens tageweise vereitelt wird. In manchen Städten (z. B. Leipzig) wird vielfach als Mittel dagegen eine Reihe kleiner Gasflammen am Fufse der grofsen Glasscheibe angezündet; in den meisten Fällen geht diese zufolge ungleicher innerer Spannungen dadurch zu Grunde. Der Schaufensterraum sollte wenigstens im Winter stets gegen den Ladenraum durch eine innere Glaswand abgesperrt und mit Hilfe von Öffnungen im Rahmholz mit der äufseren Atmosphäre auf gleicher Temperatur gehalten werden; dann fällt der Grund zum Beschlagen oder Gefrieren des Schaufensters von selbst weg.

Hinsichtlich der Thüren verdienen vom Standpunkt der Wärme-Ökonomie die Zutreibevorrichtungen »wärmste« Empfehlung. Sie werden nach verschiedenen Prinzipien konstruiert; die einfachsten sind die Fischband-Thürheber, bei denen der Dorn des Fisch- oder Aufsatzbandes als Schraubenspindel, die Bandhülse als Mutter konstruiert ist. Beim Öffnen wird der Thürflügel gehoben und gleitet durch seine eigne Schwere auf der schiefen Fläche wieder herab. Die amerikanischen Thürschliefser bestehen aus einer sichtbar bleibenden Spiralfeder mit zwei auf den Thürflügel bezw. die Verkleidung zu schraubenden Köpfen, bei Franz Spengler, Berlin SW., ist das Stück (ca. 25 cm lang) schon für 75 ₰ zu haben. Zuverlässiger und angenehmer im Gebrauch, wenn schon für den Anblick auch nicht besonders erfreulich, sind die Einrichtungen mit Feder und Stopfbüchse. Von den vielen in der Hauptsache übereinstimmenden derartigen Apparaten sei hier nur der Apparat von Schubert & Werth in Berlin

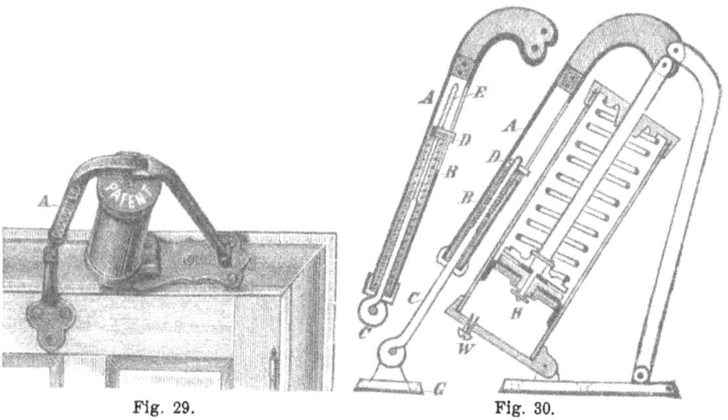

Fig. 29. Fig. 30.

Thürschliefser von Schubert und Werth. (*A* ist der im Notfall nachgebende Hebel.)

erwähnt, weil durch einen elastischen Hebel der Beschädigung des Apparats auch beim gewaltsamen Schliefsen vorgebeugt wird. Der Preis beträgt je nach der Gröfse und Schwere der Thüre, von 16 bis zu 27 ℳ.

Aufser der Sonne ist als natürliche Wärmequelle für unsere Wohnräume noch der Mensch selbst zu erwähnen; freilich ist die von ihm ausgehende Wärmemenge so gering (50 bis 120 Cal. pro Stunde), dafs sie sich erst in grofsen Versammlungen und bei der Mitwirkung künstlicher Beleuchtung bemerklich macht. Denn eine gewöhnliche Gasflamme liefert stündlich allein 5 bis 12 mal so viel, nämlich 600 Cal. — Eine Calorie oder Wärmeeinheit ist diejenige Wärmemenge, die gebraucht wird, um 1 kg Wasser um 1° der 100teiligen Skala zu erwärmen; sie bildet somit den Mafsstab, um den Heizwert verschiedener Brennmaterialien zu vergleichen; 1 kg Steinkohle z. B. enthält 8000 Cal., 1 kg Holz hingegen nur 4100 Cal. — Die Frage der künstlichen Erwärmung unserer Wohnhäuser ist nach der Natur der Dinge für uns wichtiger, als die Erwärmung durch die Sonne. Der stündliche Verbrauch an künstlich erzeugter Wärme ist für Deutschland zu 50 Milliarden Cal. geschätzt worden, wobei natürlich alle Dampfbetriebe inbegriffen sind. Allerlei Gründe, nicht zum wenigsten auch solche finanzieller Natur, sprechen dafür, möglichst rationelle Heizeinrichtungen in unseren Wohnhäusern herzustellen.

Der Streit, ob Kachelöfen und eiserne Öfen in jeder Hinsicht als gleichwertig zu betrachten sind, ist noch immer nicht definitiv zum Abschlufs gekommen; dafs aber eiserne Öfen in der Anschaffung billiger sind und fast ausnahmslos auch eine bessere Wärmeausnützung gewähren, dürfte aufser Zweifel stehen. Wenn der Baumeister bei seiner beständigen Berührung mit den ärmeren Klassen es mehr beachtete, wieviel bei diesen im Verhältnis zu den Einnahmen der Ofen verschlingt und wie häufig der Schnaps der ungenügenden Stubenheizung nachhelfen mufs, oder wie die ungemütliche Kälte den Arbeiter aus seiner Häuslichkeit in die viel behaglichere Kneipe treibt, so würde er in der Anschaffung der besten Öfen (seien sie auch aus Eisen) für die billigen und billigsten Wohnungen ein Stück der ihm zugefallenen volkswirtschaftlichen Aufgabe erkennen und zu lösen sich bemühen. Dafs glühende eiserne Öfen, wenn auch nicht sanitär schädlich, doch für den Aufenthalt höchst unangenehm sind, bleibt trotz der Ausführungen Prof. Meidinger's in No. 62, 1894 und No. 1 und 2, 1895 der Deutschen Bauzeitung eine unbestreitbare Thatsache. Schon Jeder wird das lebhafte Verlangen nach reiner, atmosphärischer Luft empfunden haben, das sich in der Nachbarschaft eines radianten, eisernen Ofens instinktiv kund gibt. Der eiserne Ofen mufs deshalb reichlich grofs gewählt werden, damit seine Überanstrengung nicht nötig wird. Er ist, so weit er glühen kann, zu ummanteln; ferner sollten bei ihm, wenn möglich, Feuerungssysteme bevorzugt werden, bei denen vor dem Verbrennen flammender Kohlen deren Verkoken stattfindet und wo die Verbrennungsprodukte die Glut durchstreichen müssen, und

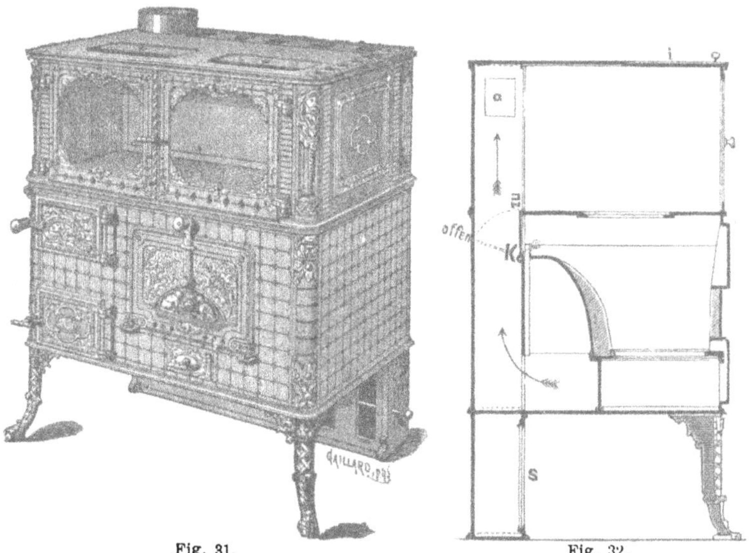

Fig. 31. Fig. 32.

Zimmerofen des Eisenwerkes Kaiserslautern. (Die Klappe *K* vermittelt beim Anheizen die direkte Verbindung mit dem Schornstein und verhütet im Sommer die Zimmererwärmung.)

endlich sind, wenigstens für Wohnräume, diejenigen Ofenkonstruktionen die besten, welche kontinuierlichen Brand ermöglichen. Kori's »Dauerbrand-Ofen«, in seinem unteren Teil ummantelt, ist bei 40 cm Durchmesser 2,10 m hoch und kann mit 7 bis 8 kg Anthracit 24 Stunden im Brand gehalten werden; er kostet 75 ℳ. Die üblichen Regulier-Füllöfen mit Treppen- und Planrost genügen zwar im allgemeinen den genannten Anforderungen, haben aber den Übelstand, dafs das Kochen auf ihnen nur im beschränktesten Maſse möglich ist. Für ganz bescheidene Wohnungen, wo im Winter die Küchenarbeiten meist mit in der Wohnstube verrichtet werden, verdienen deshalb Öfen mit vollständigen Koch- und Bratröhren den Vorzug. Von diesen seien hier nur die folgenden genannt: Preisgekrönter Zimmerofen des Eisenwerkes Kaiserslautern (Fig. 31) mit Wrasenabzug nach dem Schornstein und Abstellklappe, wenn das Zimmer nicht mit erwärmt werden soll. Auch eine Vorrichtung, um das Zimmer zu ventilieren, kann damit in Verbindung gebracht werden. Die

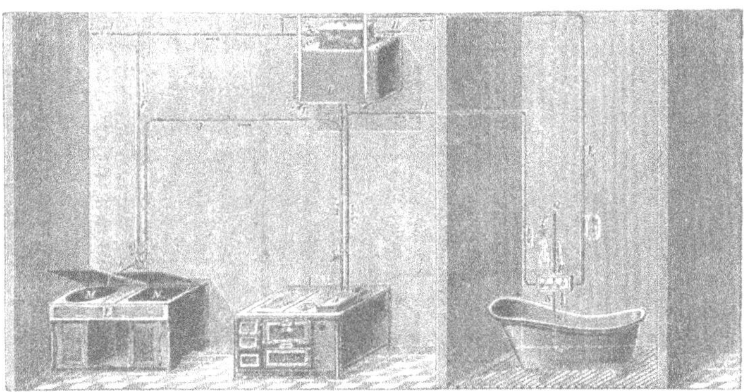

Fig. 33. Warmwasserheizung, deren Heizschlange in die Herdfeuerung eingelegt ist.

kleinste Nummer (73 cm lang, 45 cm breit, mit Aufsatz 95 cm hoch) wiegt komplett 150 kg und sieht gefällig aus. Das letztere kann man leider von den Born'schen »Arbeiter-Herdöfen« nicht sagen, so verdienstvoll auch die Bemühungen ihres Konstrukteurs um rationelle Heizanlagen sonst sind. Mit Luftabsaugung kosten sie, bei 98 cm Höhe, 60 ℳ. Gefällig und kompendiös sind die »Helios«-Kochöfen, die aber nicht für jedes Brennmaterial sich eignen und auch für Wrasenbeseitigung keine Vorrichtung besitzen. No. 66, 90 cm hoch, kostet 52 ℳ.

Ist schon unsere übliche Beheizung der Privathäuser eine unökonomische, so muſs die der Küchenöfen insbesondere als verschwenderisch bezeichnet werden, und es ist nicht recht zu begreifen, dafs die hier zwecklos in den Schornstein entweichende Wärme nicht häufiger

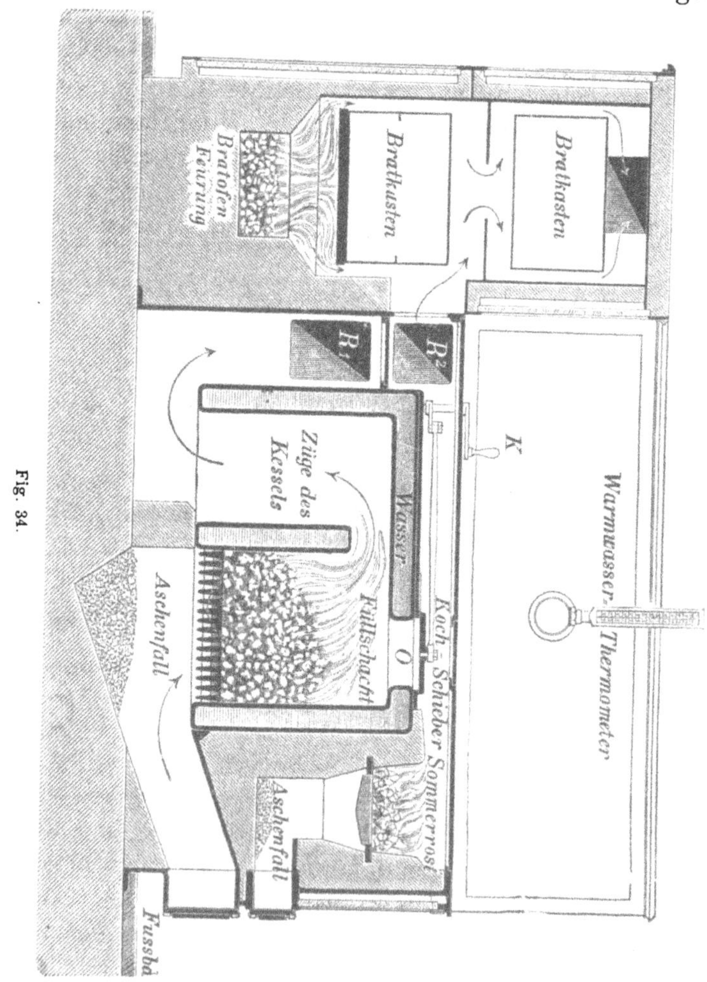

Fig. 34.

zur Erwärmung der Wohnräume ausgenützt wird. Die Firma Liebau in Magdeburg war wohl die erste, welche Warmwasserheizungen für Zimmer in Verbindung mit dem Kochherd einrichtete; die Kosten stellten sich für ein

Zimmer auf 400—700 ℳ, einschliefslich Apparat. Heute führen auch Gebr. Demmer in Eisenach (Fig. 33), sowie Janeck & Vetter in Berlin (Fig. 34 und 35) derartige Anlagen als Spezialität aus, die übrigens schon angenehm genug sind, wenn sie sich auch nur auf die Beschaffung

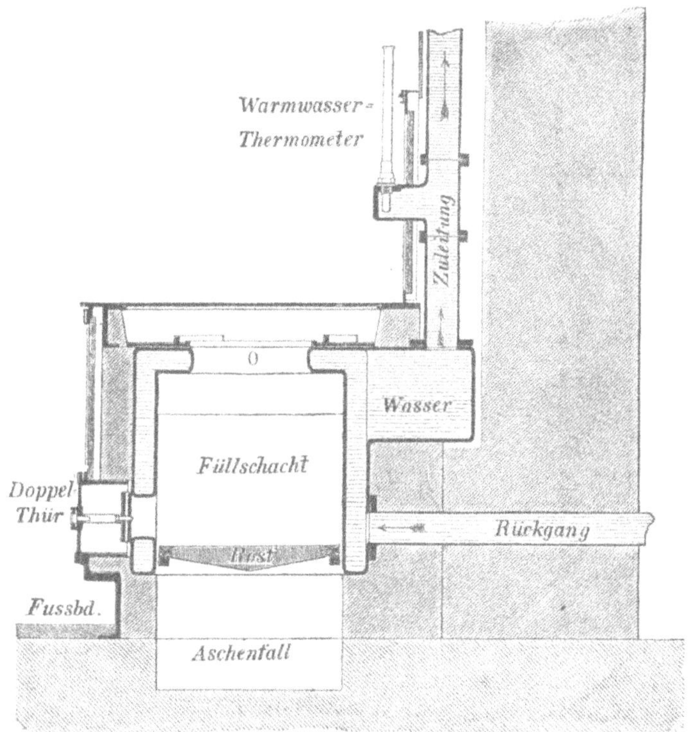

Fig. 35. Mit dem Küchenherd verbundene Warmwasserheizung für eine einzelne Wohnung, mit besonders geheiztem Wasserkessel.

eines jederzeitigen Vorrats von warmem Wasser beschränken. Wie nützlich kann ein solcher z. B. bei Spülklosetts im Winter sein!

Der Streit um die Berechtigung der Gasheizung kann jetzt wohl als erledigt bezeichnet werden; ihre Zweckmäfsigkeit wird selbst von ihren eifrigsten Vertretern nicht für alle Fälle behauptet. Angezeigt erscheint die Verwendung der Gasheizung in Küchen, Badezimmern und solchen Aufenthaltsräumen, die entweder sehr klein sind, oder nur rasch und vorübergehend erwärmt werden sollen (Fremdenzimmer, Schlafstuben). Die Gaskochherde bilden

Fig. 36. Siemens' Regenerativ-Gaskaminofen. Bunte Majolika, an die Wand angelehnt.

Fig. 37. Metallgestelle, geschwärzt, goldemailliert, galvanisiert oder buntfarbig emailliert; freistehend.

auf jeder Ausstellung das Entzücken der Hausfrauen; seitdem aber die Gaskaminöfen so wesentliche Verbesserungen erfahren haben und sowohl durch Strahlung, als durch Wärmeabgabe mittels Heizrohren wirken, sollten auch sie häufiger Verwendung finden. Die kleinsten und einfachsten Gaskaminöfen, die einen Raum von 36 cbm dauernd auf 16° R. erhalten, erfordern zum Anheizen stündlich ca. 0,5 cbm, später nur 0,2 cbm Gas und kosten (bei Fr. Siemens in Dresden) 42 ℳ. Wo etwa als Ergänzung einer Centralheizung das gemütliche Flackern eines Kaminfeuers noch gewünscht wird, ist ein Gasofen mit Asbestbenützung ein vortreffliches Aushilfsmittel. (Fig. 39.) Es soll hier nicht unerwähnt bleiben, daſs es sich immer

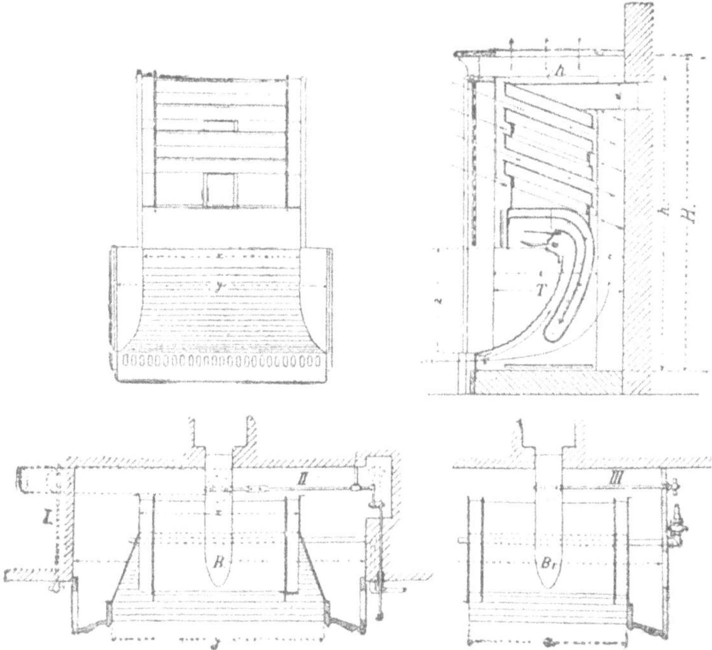

Fig. 38. Querschnitte und Grundrisse des Siemens'schen Gaskaminofens. Der gewellte Reflektor ist bestimmt, die strahlende Wärme für den Fuſsboden auszunützen; die Brennluft wird im Regenerator hoch vorgewärmt; die Verbrennungsgase geben in den Kästen des Oberofens ihre Wärme ab.

empfiehlt, Gaskamine, Koch- und Badeöfen nicht aus der zur Beleuchtung bestimmten Gasleitung zu versorgen, sondern durch ein besonderes, mindestens 19 mm weites Rohr. Wo das Gas zu Heizzwecken billiger abgegeben wird, als zur Beleuchtung, spricht auch schon dieser Grund dafür. Für gewisse Fälle kann es auch nützlich sein, als Wärmequelle einen Petroleum-Heizofen zu wählen,

z. B. in Speisekammern, Aborten, Kellerräumen, wo die Temperatur nur eben über dem Gefrierpunkt erhalten werden soll. Abzugsrohre sind dabei nicht unbedingt erforderlich. Der »Triumph-Heizofen« ist 1 m hoch, hat

Fig. 39. Gasofen mit sichtbaren Heizflammen zwischen unverbrennbaren Asbeststücken.

eine 60''' Heizlampe und kostet 45 ℳ; bei Wolf's Petroleum-Heizofen soll der Heizeffekt durch einen gerippten Mantel und eine in diesem angebrachte Rippenscheibe gesteigert werden. Der Petroleumverbrauch kostet stündlich ca. 3 ₰. Die Grudefeuerung hat bisher aufserhalb der Provinz Sachsen nur wenig Eingang gefunden, hauptsächlich wohl, weil das Brennmaterial umständlicher zu beschaffen ist als Stein- oder Braunkohle, dann aber auch wegen der Staubbelästigung, die mit den primitiven Ofenkonstruktionen früher zusammenhing. Das ist jetzt insofern besser geworden, als bei den sog. Cirkulationsöfen (Fig. 40) (von Friedrich & Co., Leipzig-Plagwitz) die Wärme aus dem glühenden Aschenkern durch ein System von Heizkörpern weiter geleitet wird. Beulshausen in Plagwitz liefert Grudekochmaschinen,

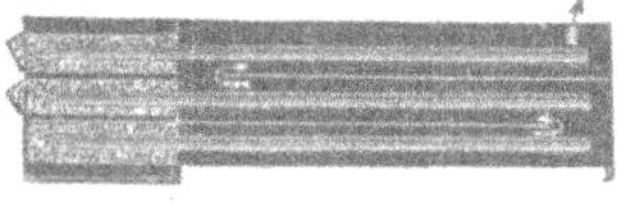

Fig. 40.

ohne Wärmeröhre, 40 cm breit und 30 cm tief, schon von 10 ℳ. an, Öfchen zum Erwärmen von Schaufenstern von 8 ℳ. an. Der Aufwand für Brennmaterial ist, obgleich das Feuer nie ausgehen darf, ungemein gering, bei einer grofsen Kochmaschine z. B. für Tag und Nacht nur 8 bis 10 ₰. Auf die verschiedenen Centralheizsysteme hier einzugehen, liegt nicht in der Absicht des Verfassers; die grofse Beliebtheit der Dampfniederdruckheizung in neuerer Zeit

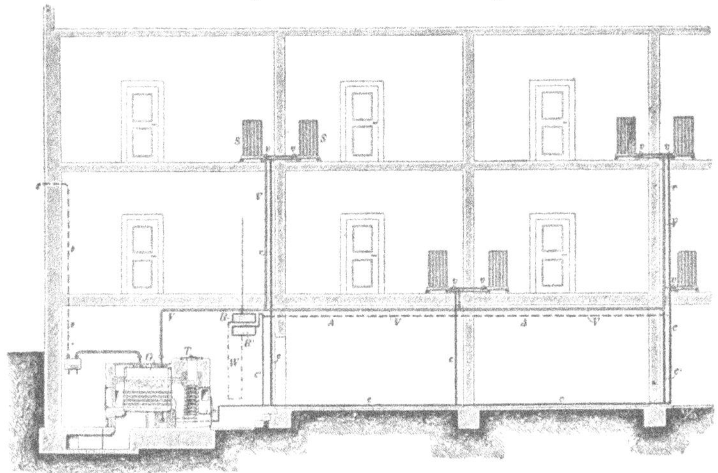

Fig. 41. Das Kondenswasser und die Luft aus den Öfen und Rohrleitungen strömen durch *r* und *c* nach dem Kessel bezw. dem Luftgefäfs *R'*; aus dem letzteren wird eine entsprechende Wassermenge in das Gefäfs *R* getrieben.

ist bekannt genug; wie weit das Bestreben, sie mit möglichst geringem Druck zu betreiben (Käuffer's Wasserdunstheizung mit 1/8 Atm. Spannung) ökonomisch oder sanitär Vorteile zu bieten vermag, wird heute noch umstritten; jedenfalls hat aber dieses Heizsystem überhaupt durch den Wegfall der umständlichen Luftventile (z. B. bei den mit Syphonregulierung versehenen Körting'schen Anlagen, Fig. 41) und durch Ersatz der fatalen Gitter, Verkleidungen und Mäntel durch freistehende »Zierheizkörper« Fortschritte gemacht, die es auch in gemütlichen Wohnräumen anwendbar und dem Architekten sympathischer erscheinen lassen. Das Fig. 42 dargestellte Modell fand z. B. vielfache Verwendung im neuen Personen-Bahnhof in Dresden. Auch die Unterbringung der zugehörigen Rohrleitungen (wie auch der Küchen- und Abortfallrohre) in Mauerschlitzen ist jetzt insofern er-

Fig. 42. Gufseiserner Zierheizkörper.

leichtert, als die Verkleidungen für derartige Mauerschlitze fabrikmäfsig und somit rationell sowohl, als auch billig hergestellt werden. Sie empfehlen sich auch bei Wasserrohren, die durch Wohn- und Schlafräume geführt werden müssen, in Verbindung mit Filzumhüllung, zur Geräuschverminderung. Nach dem Patent Grove werden die zugehörigen Blechtafeln an ein leiterartiges

Gestelle angehängt; Janeck & Vetter in Berlin versehen sie an der Rückseite mit Haken, die hinter schmiedeisernen Mauerzargen eingreifen. Dieselbe Firma liefert die Verkleidung komplett beispielsweise zu 13 cm breiten Schlitzen für 3,75 ℳ. das Meter, zu 71 cm für 7,25 ℳ.

Fig. 43.

Das Kapitel Wärme soll nicht verlassen werden, ohne der Belästigung zu gedenken, welche enge schwachwandige Schornsteine, die zu Centralheizungen, Backöfen oder Waschkesseln gehören, durch Wärmeabgabe an solche Räume verursachen können, an denen sie in den oberen Geschossen (in der Mauer) vorbeiführen. Es ist Sache des umsichtigen Baumeisters, hier ähnliche Mittel zur Wärmeabhaltung anzuwenden, wie sie zur Konservierung der Wärme besprochen wurden.

VI. Versorgung mit Wasser und Einrichtungen zu seiner Verwendung.

Wenn Wasserstoffgas in der Luft oder im Sauerstoffgas verbrennt, so vereinigen sich stets zwei Raumteile des ersten mit einem Raumteil des letzten und es entsteht Wasser, ohne das kein organisches Leben, aber auch kein menschliches Wohnen und Haushalten denkbar ist. Der Wasserverbrauch steigert sich mit der Leichtigkeit des Bezugs; er beträgt in gewöhnlichen Wohnhäusern (zur Hausreinigung und Wäsche) pro Kopf 10—15 l, für ein Wannenbad durchschn. 200 l, bei reichlicher Wasserversorgung einer Stadt rechnet man (Strafsenreinigung,

Springbrunnen und alles dergl. inbegriffen) mit 150 l pro Tag und Kopf; bei weniger als 50 l tritt Wassermangel ein (Dresden verbrauchte im Jahre 1893 im Ganzen pro Kopf 84,66 l.) Wenn auch die centrale Wasserversorgung heute in jeder gröfseren Ortschaft der normale Zustand sein sollte, so sind wir leider doch noch weit davon entfernt und da nicht nur eine grofse Zahl der alljährlich entstehenden Neubauten diese Wohlthat entbehren müssen, sondern da es unter Umständen auch ökonomisch richtiger sein kann, unter Verzicht auf die allgemeine Wasserversorgung eine solche für ein Grundstück besonders anzulegen (man vergl. den Aufsatz von G. Oesten in der D. Bauzeit. No. 1/2, 1895), so soll dieser Fall hier zuerst besprochen werden. — Man ist in neuerer Zeit davon zurückgekommen, die Brauchbarkeit oder Zuträglichkeit des Wassers auschliefslich nach der bakteriologischen oder chemischen Untersuchung zu beurteilen. Eine solche wird jetzt nur noch als eine Kontrolle der technisch-hygienischen Untersuchung gelten gelassen, denn selbst Ammoniak und Chlornatrium weisen nicht notwendig auf Verunreinigungen bedenklicher Art hin, und dauernd hohe Bakterienzahlen rühren meist von ganz harmlosen Vegetationen im Brunnenrohre her.

Grund- oder Quellwasser, das den tieferen Bodenschichten entnommen wird, kann zwar durch zu grofse Härte oder durch reichliche Eisenoxydulverbindungen zum Trinken oder Waschen ohne vorherige Aufbereitung ungeignet erscheinen, wird aber in den meisten Fällen für häusliche Zwecke genügen. Nur liegt, wenn es mittels Kesselbrunnen gewonnen wird, die Gefahr der Verunreinigung durch direkt oder unterirdisch zufliefsendes Oberflächenwasser, durch benachbarte Schleusen oder Abtrittgruben, sehr nahe. Die Lokalbauordnungen bestimmen deshalb zumeist den geringsten Abstand, der zwischen Brunnen und Schleuse oder Abtrittgrube mindestens vorhanden sein mufs. Während Striesen z. B. 17 m fordert, begnügt sich Dresden schon mit 8 m (resp.

15 m bei Senkgruben) Abstand. Der gröfsere oder geringere Grad der Durchlässigkeit des gewachsenen Bodens wird hierbei in erster Linie mafsgebend sein, wirksame Verbesserungen des Brunnenwassers hat man durch Anpflanzen rasch wachsender Bäume zwischen den Brunnen und den Abort- oder Senkgruben erzielt. Zum Nachweis des Zusammenhangs zwischen beiden hat man früher mit Erfolg Lithiumoxyd und die Spektralanalyse angewendet, jetzt benützt man in einfacherer Weise Saprol.

Vom Brunnenbaumeister Anger in Nordhausen liegt eine recht sorgfältige Preisliste für abgeteufte Brunnen vor; hiernach kostet 1 steig. m und 1 qm Grundfläche über dem Wasserstand auszuschachten und fertig auszumauern in grabbarem Boden beispielsweise bis 12 m Tiefe 18—21 ℳ., in Geröll oder Fels 21—42 ℳ. und ebenso unter dem Wasserstand beispielsweise bis 3 m Tiefe 9—12 ℳ. resp. 12—24 ℳ.

Mehr Sicherheit gegen Zuflüsse unreiner Wässer als die Kesselbrunnen gewähren die abessynischen oder Röhrenbrunnen; sie sollten dort, wo es sich nur um geringen Wasserbedarf handelt, bevorzugt werden. Der genannte Brunnenbauer liefert die Bestandteile zu solchen, beispielsweise zu einem 3 m tiefen Brunnen mit 33 mm weitem Rohr und 65 mm Pumpe schon für 40 ℳ. Zu einem 8 m tiefen Brunnen mit 52 mm weitem Rohr und 100 mm Pumpe kostet das Zubehör 148 ℳ. Das Einrammen oder Einschrauben des Rohres kann jeder intelligente Arbeiter ausführen. Von der Aufstellung eines Hochreservoirs in einem gewöhnlichen Wohnhause mit eigener Wasserversorgung nahm man früher meist deshalb Abstand, weil das Wasserheben zu viel Arbeitskraft bezw. Lohn kostete. Dieses Bedenken ist durch die Kleinmotoren, die uns jetzt zur Verfügung stehen, bei nur einigen Mitteln sehr leicht zu beseitigen. Wo Leuchtgas vorhanden ist, empfiehlt sich am meisten die Aufstellung eines Gasmotors zum Betrieb der Saug-

und Druckpumpe, sonst kann aber auch ein Petroleum- oder Benzinmotor kleinster Gattung oder eine Heifsluftmaschine sehr gute Dienste thun. Für Grundstücke, wo die Bedienung durch ungeschultes Personal erfolgen mufs, sind die Benzinmotoren deshalb vorzuziehen, weil sie weniger verschmutzen und die Inbetriebsetzung schneller möglich ist, als beim Petroleummotor. Auch ist eine Gefahr (wenigstens bei Körting's Konstruktion) nicht vorhanden, weil das explosible Gemisch mit atmosphärischer Luft erst in der Maschine hergestellt wird. Ein stehender Benzinmotor mit 320 Umdrehungen der Kurbelwelle in der Minute und 1/2 effekt. Pferdekraft kostet (bei Körting) 850 ℳ, ein entsprechender Petroleummotor 900 ℳ. Die Betriebskosten sind sehr gering; man rechnet für 1 Bremspferdekraft bei voller Belastung stündlich 0,4 kg Benzin oder Petroleum. In vielen Fällen wird auch die Aufstellung eines Windmotors angezeigt erscheinen, um das Pumpwerk zu bewegen, da wir nach meteorologischen Beobachtungen 300 Tage im Jahre haben, an denen ein nutzbar zu machender Wind (mit wenigstens 4 m Geschwindigkeit) weht. Für gewöhnliche Zwecke genügt das Halladay-System; das Ultra Standard-System ist bei grofsem Raddurchmesser und exponierter Stellung vorzuziehen Ein Windrad von 3,65 m Durchmesser liefert bei 7 m Windgeschwindigkeit 1 Pferdekraft und kostet, mit Selbstregulierung nach Richtung und Stärke des

Fig. 44. Gas- oder Petroleummotor mit angebauter Pumpe.

Windes, sowie mit Handabstellvorrichtung 440 *M*. Ein komplettes Turmgerüst von 12 m Höhe aus Schmiedeisen kostet 480 *M*, das erforderliche Pumpenrohrgestänge (10 m lang) 85 *M*; die ganze Anlage, ohne Pumpe, ist somit für höchstens 1000 *M* zu beschaffen. (Die Preise gründen sich auf Angaben der Maschinenfabrik C. Reinsch in Dresden.) Auf die eigentlichen Pumpwerke näher einzugehen, liegt hier keine Veranlassung vor; Berücksichtigung verdienen aber die Saug- und Druckpumpen, die Dank ihrer Ausrüstung mit Windkessel auch als Spritze und somit zum gründlichen Säubern von Höfen benutzt werden können (Fig. 45), und die einfach wirkend, mit 65 mm Cylinder, bei W. Garvens, Hannover, schon für 42 *M* zu haben sind.

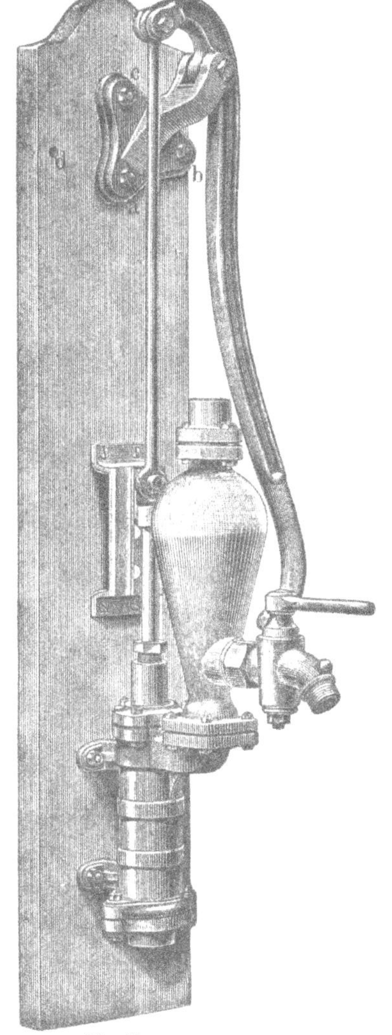

Fig. 45.

Neben den Reservoiren aus Schmiedeeisen, die früher für Privathäuser fast allein zur Verwendung kamen, kommen in neuerer Zeit auch solche aus Gufseisenplatten, sowie nach dem Moniersystem in Betracht. Bei gleichem Inhalt, beispielsweise 1500 Liter, kostet ein Schmiedeisen-Reservoir 210 *M*, ein gufseiserner Wasserbehälter (in Tangerhütte) 193,50 *M*, in Monierkonstruktion aber nur 76 *M*. Zur Entfernung des Eisens aus dem Wasser besitzt man zwar jetzt wirksame Verfahren (Oesten, Piefke), deren gemeinsamer Grundgedanke die Durchlüftung des Wassers und die dadurch bewirkte Überführung des Eisenoxyduls in Eisenoxyd ist, so dafs dieses flockenartig ausfällt und von jenem nur 0,1 bis 0,3 mg in 1 l zurückbleiben. Bei einem einzelnen Wohngebäude wird man aber kaum an eine solche Enteisenungs-Anlage denken. Hingegen gibt es für diese Filterapparate, von denen wenigstens ihre Erfinder behaupten, dafs mit ihrer Hilfe

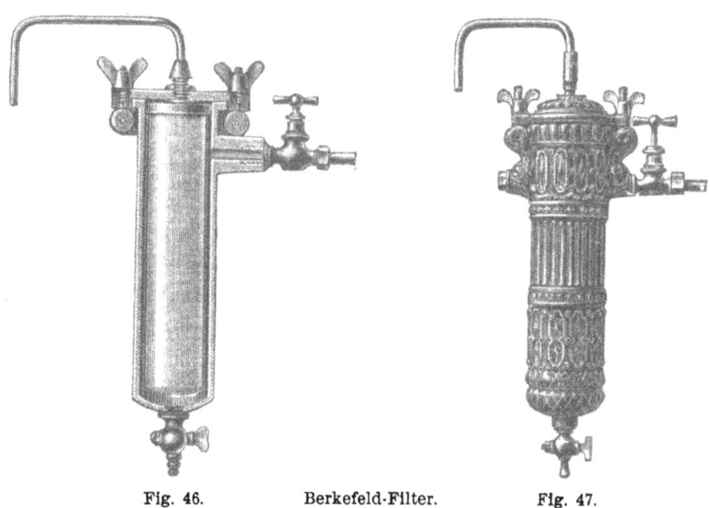

Fig. 46. Berkefeld-Filter. Fig. 47.

die Herstellung eines klaren, von pathogenen Mikroorganismen freien Wassers möglich sei. Sehr empfohlen zu diesem Zweck wird die Verwendung von Kieselguhr als Filtermasse, wie sie z. B. beim Berkefeld-Filter in Form gebrannter, aus Infusorienerde bestehender Hohlcylinder stattfindet. Das »Hausfilter« liefert bei 2½ Atm. Druck in der Wasserleitung in der Minute 2 l reines Wasser und kostet 30 ℳ. Die Dauer seiner Leistungsfähigkeit hängt natürlich von dem Grade der Wasserverunreinigung ab; durch kräftiges Abbürsten soll aber der Filter wieder wie neu funktionieren.

Ein weiteres Mittel, Wasser für den Gebrauch unverdächtig zu machen ist dessen Abkochung, die aber 8 bis 10 Minuten lang fortgesetzt werden muſs. Bei dem zu diesem Zweck in Dessau fabrizierten Wasserabkocher (Sterilisator) werden in der Stunde 30 l Wasser gewonnen, die 10 Minuten lang gekocht haben und dann abgekühlt wurden. Der Gasverbrauch beträgt während dieser Zeit 300 l; der Apparat kostet 75 ℳ.

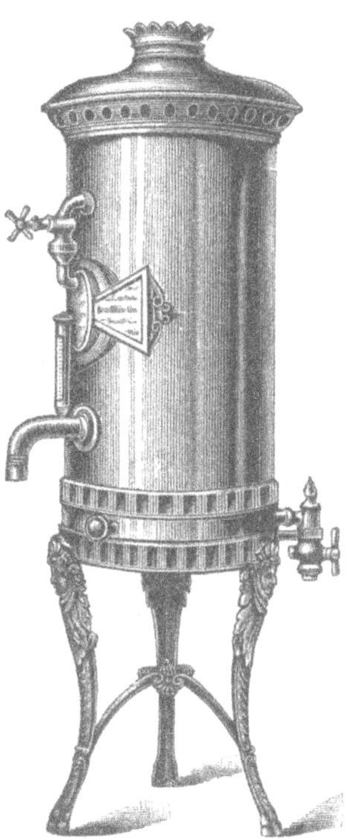

Fig. 48. Badeofen von Houben.

Um kleinere Mengen Wasser nur mäſsig zu erwärmen, empfiehlt Grove seinen »Augenblicks-Wasserwärmer«, einen 35 cm langen Rippenheizkörper, der an beliebiger Stelle in die Leitung eingeschaltet wird, indem er an die Wand geschraubt wird. Darunter brennt eine Reihe kleiner Gasflammen. In einer halben Minute erhält man einen konstant flieſsenden Strahl warmes Wasser, wie er zum Beispiel bei Handwäschen oder Aufwaschtischen so sehr erwünscht ist. Er kostet 35 ℳ. Dasselbe Problem: in kurzer Zeit eine gewisse Menge Wasser beträchtlich zu erwärmen, lösen die Badeeinrichtungen mit Gasheizung, von denen wohl immer noch der Houben'sche »Aachener Badeofen« einer der besten sein dürfte. Der Wasserstrom-Heizapparat Nr. 3 erwärmt in der Minute 15 l Wasser von 10 auf 28° R. und liefert somit ein Bad binnen 12 Minuten. Er kostet 100 ℳ. Der mit diesem Apparat früher verbundene Übelstand, daſs sowohl das Wasser als auch die Zimmerluft mit Verbrennungsprodukten des Gases geschwängert wurden, ist bei der verbesserten Konstruktion mit Abführung dieser Verbrennungsprodukte beseitigt

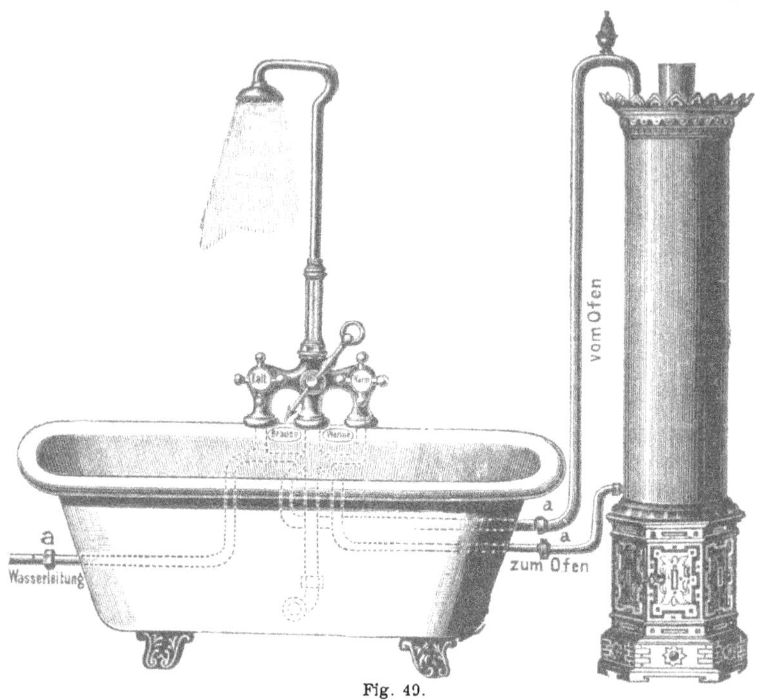

Fig. 49.

worden. Die Kolonnen-Flüssigkeitswärmer (Dessau) bringen das Badewasser in mehreren dünnwandigen Gefäſsen über-

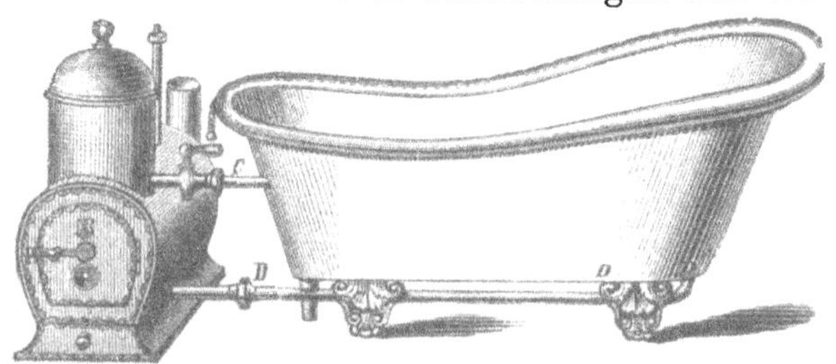

Fig. 50.

einander gleichfalls mit den Heizgasen in unmittelbare Berührung. Wo kein Gas als Heizmaterial zur Verfügung steht und auch nicht die oben erwähnte Wasserwärmung vom Küchenofen aus erfolgt, wohl aber eine Wasserleitung vorhanden ist, kann zur Not ein Cylinderofen mit gufseisernem Untersatz, kupfernem Flammrohr und Zinkmantel mit einfacher Feuerung (ohne Erwärmung der Badestube) genügen, der bei 85 l Inhalt etwa 75—80 ℳ

Fig. 51.

kostet. (Fig. 49.) Wo endlich auch keine Wasserleitung vorhanden ist, sondern nur eine Wanne mit Ablauf-Einrichtung, erfolgt die Erwärmung des Wanneninhaltes am bequemsten durch einen stehenden Cirkulations-Badeofen (Fig. 50), der durch zwei Verschraubungen mit der Wanne fest verbunden ist. Bei einfachster Ausstattung, aus verbleitem Eisenblech hergestellt, ist ein solcher schon für 30 ℳ zu haben. Wo wegen schwieriger Wasserbeschaffung oder -Beseitigung oder wegen mangelhafter Wärmeeinrichtung thunlichste Wasserökonomie geboten erscheint, verdienen die Badeapparate von Smiglewicz in Bernburg Beachtung, deren Wirksamkeit hauptsächlich auf Pumpen und Brausen beruhen. Die Badewannen aus Zinkblech

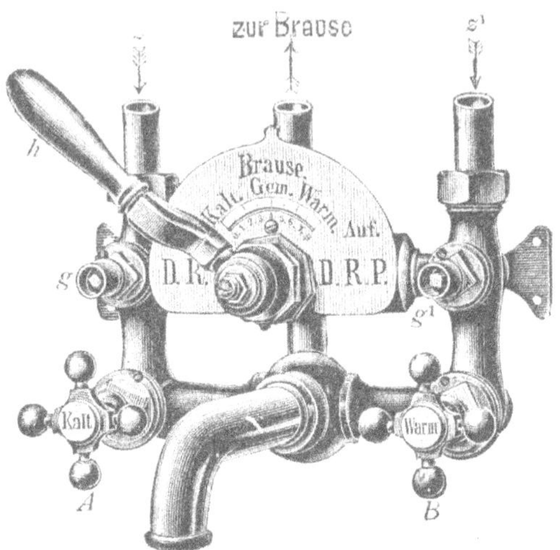

Fig. 52. Bademischhahn von Butzke & Co.

sind nach Form, Gröfse und Preis so verschieden, dafs hier nicht darauf eingegangen werden kann; hingegen

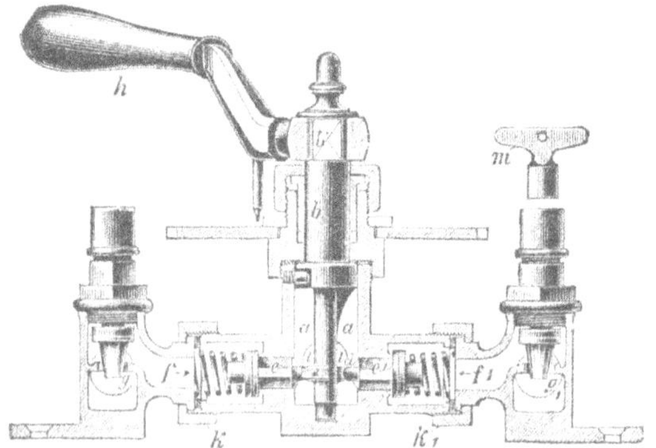

Fig. 53. Horizontalschnitt.

sollen die aus Gufseisen und aus englischer Fayence, weil trotz ihrer Sauberkeit und Dauerhaftigkeit in Privathäusern noch wenig eingeführt, hier erwähnt werden. Eine Gufseisenwanne, innen emailliert, aufsen gestrichen, kostet bei David Grove in Berlin mit 1,60 m Länge, 0,65 m Breite und 0,60 m Höhe 150 ℳ; eine Fayencewanne, ebenso lang, aber nur 0,60 m breit und 0,50 m hoch, innen weifs glasiert, kostet 330 ℳ. Tangerhütte liefert Gufseisenwannen mit messingenem Ablafsventil schon für 82 ℳ. Die Badehahn-Batterien alter Konstruktion werden meist sehr bald undicht und reparaturbedürftig, woran ihre cylindrischen oder konischen Kolbenventile die Schuld tragen; der »Bademischhahn« (Fig. 52/53 von Butzke & Co., Berlin), insbesondere für Brausezwecke empfehlenswert, hat Scheibenventile mit Sicherheitsfedern und aufserdem eine Injektoreinrichtung, damit nicht das direkt der Hochdruckleitung entnommene kalte Wasser das warme Wasser, welches einem Reservoir nur mit schwachem Drucke entströmt, zurückdrängen kann. Ein solcher Mischhahn kostet für 20 mm Zuflufsweite 67,5 ℳ. Über luxuriöse Badeeinrichtungen (Fig. 51) findet sich in No. 15, Jahrg. 1889 des »Gesundheits-Ing.« ein sehr lehrreicher Aufsatz von Ringler; es darf aber auch mit deren Einfachheit nicht zu weit gegangen werden. Als noch hölzerne Badewannen im Gebrauch waren, hielt man die Anbringung einer »Sicherheitspfanne« unter denselben für unerläfslich. Ein solches Blechgefäfs aus Zink-, Blei- oder Eisenblech mit 12 oder 15 cm hohem Bord und mit Abflufsrohr an der tiefsten Stelle sollte auch heute bei Wannen, die auf Holzfufsböden frei aufgestellt werden, nicht wegbleiben. Noch mehr empfiehlt es sich freilich, den Fufsboden des Baderaumes auf Unterwölbung wasserdicht und gleichfalls mit Entwässerung herzustellen. Es wäre überhaupt durchaus keine Härte, sondern läge im eigensten Interesse der Bauenden, wenn die Herstellung massiver Fufsböden bei allen Küchen, Badestuben und Wasserklosetten von baupolizeiwegen gefordert würde. Unsere ehrwürdigen Baupolizeiordnungen stammen noch aus der Zeit (die Dresdener z. B. aus dem Jahre 1827!), da das Wasser nur kannenweise ins Haus gelangte und als teurer Artikel gespart wurde; da war freilich so bald keine Überschwemmung zu befürchten!

Um die Wohlthat einer Wasserleitung im Hause recht auszunützen, sollte sie wenigstens bei besseren Wohnungen in den Schlafzimmern nicht fehlen, Die Waschbecken können hier entweder mit Ablaufventil, oder zum Kippen (mit Aufnahmebehälter) oder mit beweglichem Standrohr, das gleichzeitig als Überlauf- und als Ablaufventil dient, eingerichtet werden. Am wenigsten zu empfehlen sind die festen Becken mit Bodenventil an Kette; der zwar stets vorhandene Überlauf vermag die zuströmende Wassermenge nicht zu bewältigen und Überschwemmungen treten deshalb leicht ein. Indessen sind sie in Deutschland noch viel im Gebrauch, weil sie sich der üblichen Waschtischform am besten anpassen lassen. Eine solche Einrichtung in Möbelform, (Steingut, Nufsbaum oder Mahagoni) kostet beispielsweise bei 30 cm Beckendurchmesser 64 ℳ (bei Ruhland in Dresden). Ein Kippbecken mit Aufnahmebehälter allein (also zur beliebigen Anbringung) von gleichem Durchmesser und Material kostet (bei Twyford) allerdings schon 24 ℳ, ist aber im Gebrauch viel angenehmer. Als die vollkommenste Einrichtung aber gilt das feste Waschbecken mit beweglichem Standrohr (auch letzteres aus Porzellan oder Steingut) bei Twyford mit »Cardinal«, sonst auch als Sanitas-Waschbecken bezeichnet. Bei Müllenbach & Zillefsen ist es, einfach weifs, für 44,50 ℳ zu haben. Einfache Fayence-Becken, sogen. Handwäschen, wie sie für Speise- oder Vorzimmer so zweckmäfsig sind, kosten zwischen 8 und 10 ℳ. Bei allen diesen Preisen ist Wasser-Zu- und Ableitung selbstredend nicht inbegriffen.

Wenn in einem Wohnhause Wasserleitung vorhanden ist, so wird sie regelmäfsig mindestens in die Küchen geführt, aber fafst ebenso regelmäfsig findet man hier (wenigstens in Sachsen) überaus primitive, um nicht zu sagen rohe Entnahme- und Ausgufsvorrichtungen. Eigentliche Spülbecken, wie unsere altmodischen aber zweckmäfsigen Gossensteine sie meist bildeten, trifft man höchst selten, zum Haus gehörige Aufwaschtische fast nie an. Die Süddeutschen sind uns in dieser Hinsicht unbestreitbar voraus, an einen Vergleich mit den Engländern dürfen wir gar nicht denken. Die Anspruchslosigkeit unserer Hausfrauen steht auf diesem Gebiet unter dem zulässigen Niveau. Die gebräuchlichen häfslichen Gufseisen-Gossen,

Fig. 54. Spültisch von Grove.

bei denen man nicht einmal ein Glas aus der Hand stellen kann, diese Abraumbehälter der liederlichen Dienstboten, sollte kein denkender Baumeister mehr verwenden. Mindestens zu einem flachen Spülbecken sollten Platz und Mittel stets zu beschaffen sein. Aus Gufseisen, innen emailliert, 56 cm lang und breit und 8,8 cm tief mit Wasserverschlufs, kostet beispielsweise in Tangerhütte ein solches 11,50 ℳ, also nur etwa 4 oder 5 ℳ mehr als die getadelte Einrichtung. Eigentliche Spültische sind freilich teuerer; aus Kiefernholz 1,35 m lang, 0,70 m breit, mit zwei mit Zinkblech ausgeschlagenen Abteilungen (Fig. 54) z. B. kostet ein solcher bei David Grove 125 ℳ, sehr schöne und zweckdienliche Spülschränke, deren Rück- und Seitenwände aus Schiefer bestehen (Fig. 55), liefern Müllenbach & Zillefsen für 117 ℳ; Spülbecken aus emailliertem Eisen sind 20 bis 30 % theurer als Zink.

Wo ein Warmwasserreservoir vorhanden ist, wird es selbstverständlich auch den Spültisch zu versorgen haben. Die noch sehr häufig anzutreffenden Glokenverschlüsse an den Ausgufsbecken sind, sofern sie als Sicherung gegen Schleusengase wirken sollen, gar nicht zu rechnen; aber auch die darunter zumeist angewendeten Bleisyphons mit

Fig. 55. Aufwaschschrank mit Wasserzuführung.

der engen Reinigungsöffnung am tiefsten Punkt (Fig. 56) sind in einer Küche, wo so viel Schlamm und feste Stoffe ins Ausgufswasser gelangen, nicht am richtigen Platz. Der aus emailliertem Gufseisen und Messing hergestellte, entlüftete »Kegelsyphon« von Budde & Goehde (Fig. 56) ist absolut geruchlos, leicht und gründlich zu reinigen und kostet, für ein 50 mm weites Ablaufrohr passend 10 ℳ. — Auch die Zapfhähne mit Gummiplatte und deshalb stets reparaturbedürftig, eignen sich nicht für Küchenzwecke. Die Firma Butzke & Co. fabriziert Auslaufhähne ohne Stopfbüchse, mit Ledersitz (Fig. 58), 13 mm weit für 1,35 ℳ.

Wesentlich teuerer, aber selbstschliefsend und ohne Rückschlag ist der »Poseidon« genannte Wasserleitungshahn

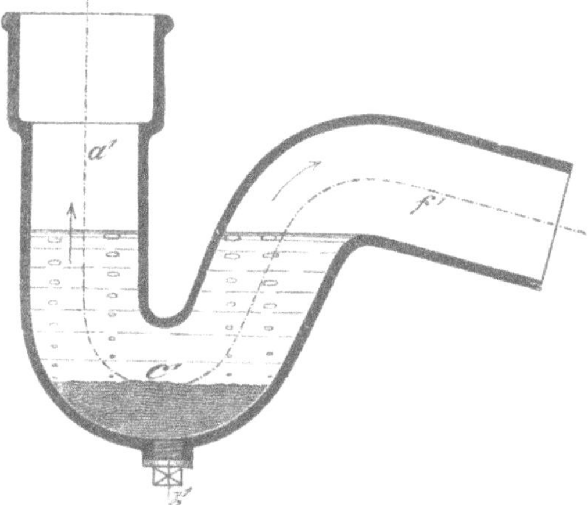

Fig. 56. Mangelhafte Konstruktion.

von Lemier in Hannover; er kostet 13 mm breit, 8 ℳ.

Hinsichtlich des den Hausfrauen so wichtigen und für das Gesundbleiben mindestens nicht gleichgültigen

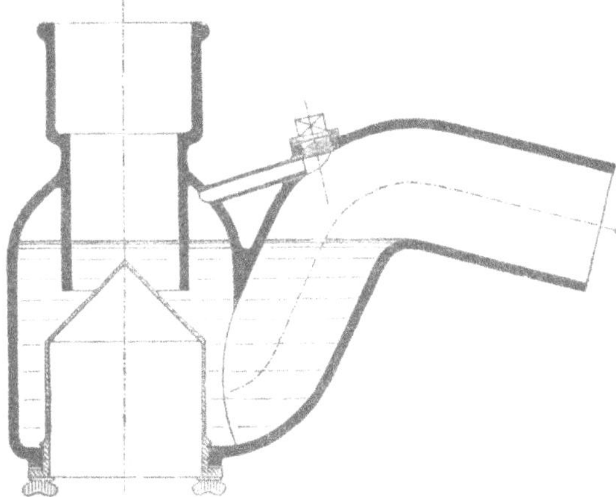

Fig. 57. Entlüfteter Kegelsyphon.

Wäscheverfahrens sind eine ganze Reihe Verbesserungen und Erleichterungen möglich, die den Bewohnern grofser Miethäuser zugänglich gemacht werden sollten, wäre es auch gegen Entrichtung kleiner Gebühren. In einem ordentlichen Waschhause dürfte mindestens ein auf den Herd zu stellender »Dampfwaschtopf«, mit Berieselungsvorrichtung nicht fehlen. Aus verzinktem Eisenblech mit Kupfereinsatz und mit Vertiefung im Boden (wo die Lauge wieder gesammelt und erwärmt wird) ist ein solcher

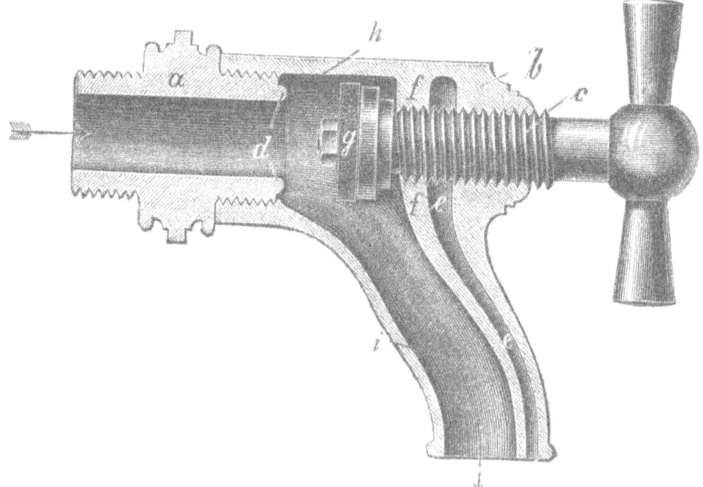

Fig. 58. Auslaufhahn ohne Stopfbüchse. Das bei geöffnetem Hahn bei *ff* durchsickernde Wasser läuft durch *ee* ohne Druck ab.

schon von 13,50 *M* an zu haben. Gröfsere derartige Einrichtungen (etwa für 40 Hemden Inhalt) und mit selbstständiger Feuerung kosten etwa 50—60 *M*. — Waschmaschinen mit schaukelnder Bewegung und Kurbelbetrieb, etwa für 12 Hemden genügend, kosten ca. 50 *M*; Wringmaschinen, die zweckmäfsig über der Waschmaschine so angebracht werden, dafs das ausgeprefste Seifenwasser in diese zurückfliefst, kosten etwa 18 *M*. Endlich sind die in Mittel- und Norddeutschland so beliebten Wäschemangeln, mit eisernem Gestell, schon für 50 *M* zu haben. (H. Albers in Hannover.) Durch die Verwaltung eines Brausebades, eines Desinfektions - Apparates und einer ordentlich ausgestatteten Waschküche mit Mangelkammer, zum Gebrauch der Hausbewohner gegen kleine Entschädigung, würde vielleicht mancher Hausmannsposten einträglicher zu dotieren und dementsprechend mit geeigneteren Leuten zu besetzen sein. Zur Zeit fehlt es aber diesem Personal häufig an der erforderlichen Sachkenntnis. Freilich ist dieser Mangel auch bei den Mietern — leider — keine seltene Erscheinung. Die bestgemeinten Einrichtungen, z. B. zu Lüftungszwecken werden entweder nicht benützt oder, wie das namentlich bei Wasserklosetts häufig geschieht, durch Unverstand verdorben. Anordnungen, die dem gemeinen Mann in England und Amerika so vertraut sind, dafs er sie bei Störungen mit Schraubenschlüssel und Lötlampe selbst wieder in Ordnung bringt, sind selbst unserem Gebildeten geheimnisvolle Mechanismen, über deren Funktion und Konstruktion er sich nicht Rechenschaft zu geben weifs. Oder ist es z. B. mit den Niederschraubhähnen mit Gummiplatte, oder mit den Druckknöpfen elektrischer Leitungen anders?

Eine beständige Gefahr für unsere Wasserleitungen in den Gebäuden bildet der Frost. Die Sprengkraft des Eises beträgt (theoretisch) pro 1 cbcm 38,68 kg; an eine solche Verstärkung der Rohre, dafs sie dieser Kraft widerstehen, ist somit nicht zu denken. Der Schutz kann nur in frostfreier Lage der Wasserleitungsrohre gesucht werden. Da nun aufserdem das Einmauern derselben aus dem Grunde gefährlich ist, weil die Bleirohre durch Kalk und Zement angegriffen werden, wobei sich eine erdige Kruste an ihnen bildet, so empfiehlt es sich, sie frei in Kästen zu legen (vergl. hierzu Fig. 43), sie, soweit sie dem Frost ausgesetzt sind, in Korksteinschalen einzuhüllen, oder mit 1 oder 1½ cm dicken Filzstreifen zu umwickeln und zu noch weiterer Sicherung die Kästen mit Sägespänen oder Schlackenwolle auszustopfen. Feuchtigkeit ist freilich von diesen Ausstopfmaterialien fern zu halten: von den Sägespänen, weil sie modern und schimmeln, von der Schlackenwolle, weil sie sich zu Kohlensäure und Schwefelcalcium zersetzt und Schwefelwasserstoff ausscheidet. Während ein unbewickeltes Rohr bei 6° Kälte nach 1½ Stunde gänzlich zugefror, gefror ein bewickeltes erst nach 2 Stunden bei 11 bis 12½°, ein solches in einen Holzkasten verlegt, nur unbedeutend, und das Rohr in der Ausstopfung überhaupt nicht. — Die automatischen Entleerungsapparate, die bei eintretendem Frost funktionieren sollen, haben sich nicht eingebürgert, hingegen scheinen die Wasserleitungshähne mit Ventilen zum Lüften der Rohre bei deren Entleerung sich zu bewähren (Patente von Schneider, Rosemann, Mock).

VII. Entwässerungsanlagen.

Zu den wichtigsten Aufgaben städtischer Bauverwaltungen gehören die öffentlichen Anlagen zur unschädlichen Ableitung und Beseitigung der Schmutz- und Regenwässer. Einen so grofsen Wert die Schleusenjauche aus den Wohnhäusern bei sachgemäfser Verwendung haben könnte (für Hamburg z. B. schätzt man ihn jährlich auf etwa 7 Millionen Mark), so verursacht doch gerade ihre Beseitigung meist die kostspieligsten Bauanlagen. Das einfachste Auskunftsmittel, das auch unsere Vorfahren zumeist anwendeten, ist ihre Ableitung in einen Flufslauf. Soll aber eine allmäliche Verunreinigung desselben und eine Versumpfung seiner Uferränder verhütet werden, so mufs er, auch bei Niedrigwasser täglich pro Kopf der zu entwässernden Stadt ungefähr 5 bis 15 cbm Wasser führen und zwar genügen 5 cbm, wenn er mindestens 1 m Geschwindigkeit (in der Sekunde) hat; bei weniger als 0,3 m sind 15 cbm erforderlich. Bei der bei deutschen Flüssen häufigen Geschwindigkeit von 0,6 m genügen 10 cbm. Macht sich vor der Einführung der Schleusenwässer deren Klärung notwendig, so würde theoretisch nichts weiter erforderlich sein, als ihre Geschwindigkeit soweit zu vermindern, dafs die mitfortgerissenen darin schwebenden Unreinigkeiten von selbst zu Boden fallen. Weil aber hierzu unglaublich grofse Sammel- und Staubassins notwendig wären, so wird der Klärungsprozefs durch künstliche Mittel (insbesondere Ätzkalk, schwefelsaure Thonerde, Moorerde oder Braunkohlenpulver) beschleunigt. Gleichzeitig können pathogene Keime durch beigemengtes Eisensalz unschädlich gemacht werden. Verbietet sich die Einführung in einen Flufs, so bleibt das Auskunftsmittel übrig, Rieselfelder anzulegen, das in neuerer Zeit vielfach jenen vorgezogen wird. Berlin z. B. hat mit einem bisherigen Aufwand ca. 100 Millionen Mark ungefähr 30 Quadratmeilen Land für diesen Zweck eingerichtet, dem jährlich 60 bis 70 Millionen Cubikmeter Kanaljauche zugeführt werden. Der jährliche Zuschufs zum Ertrag der Rieselfelder, um die aufgewendeten Kosten zu verzinsen, beträgt pro Kopf der Bevölkerung hier 0,60 ℳ, in Breslau 0,15—0,20 ℳ; dazu kommen in Berlin noch für Hebung des Wassers pro Kopf und Jahr 0,40 ℳ. Schon mit Rücksicht auf diese Aufwendungen mufs es thöricht genannt werden, wenn die gebotenen Vorteile dann für das einzelne Grundstück und Gebäude nicht auch nach bester Möglichkeit ausgenützt werden, leider steht es aber damit in unseren gewöhnlichen Wohnhäusern in konstruktiver und namentlich sanitärer Hinsicht noch schlimmer als mit der Zuleitung des Wassers; dem Mangel an Sachkenntnis und rechtzeitiger Disposition ist hier der weiteste Spielraum gelassen, weil selbst baupolizeiliche Vorschriften auf diesem Gebiet zumeist fehlen. Dies gilt z. B. nicht nur im vollen Umfang für Dresden; auch der Hamburger Architekten- und Ingenieur-Verein hat i. J. 1894 die Abstellung dieses Mangels auf sein Arbeitsprogramm gesetzt. Es bietet sich hier gewissermafsen ein Seitenstück zur Arbeiterschutz-Gesetzgebung, die zunächst das grofse Kanalnetz geschaffen hat, welches dem

Unbemittelten die nötigsten Subsistenzmittel zuführen soll, die Sorge für deren zweckmäfsigste Verwendung (Wohnungsbeschaffung, Konsumvereine, Aussteuer- und Begräbniskassen u. s. w.) aber der Einsicht des Einzelnen überlassen mufste.

An jedem Gebäude Dresdens, das der Strafsenverkehr erreicht, sieht man das Regenfallrohr, weil aus Zinkblech angefertigt, unten verbeult, eingedrückt oder aufgerissen; nach jedem Frost wiederholt sich der Jammer mit dem Auftauen und Aufschneiden dieser Rohre, die sich schlangenartig um die Gesimse und Vorsprünge herum winden; aber zu den einfachen Auskunftsmitteln, statt des Zinkbleches Gufseisen zu verwenden, über der Fufsbahn einen Stutzen mit aufgeschraubtem Flanschdeckel anzubringen, durch den man zwecks Auftauens Spiritus einbringen kann und auf die lächerlichen Kunststücke mit den Knien und Bögen verzichtend das Rohr senkrecht herabzuführen, kann sich der Zopf nicht entschliefsen. Dieses verschämte Versteckspielen mit einem Bauteil, der doch bei unseren klimatischen Verhältnissen gar nicht zu entbehren ist, ist eine klassisch sein sollende Prüderie, von der die mittelalterliche Baukunst mit ihren Wasserspeiern und steinernen Rohrhaltern nichts wufste, weil sie rationell baute. Tangerhütte liefert gufseiserne Regenröhren mit Falz- (nicht Muffen-) Verbindung und angegossenen Stützzapfen, 9½ cm i. L. weit und 58,3 cm lang für 1,60 ℳ. In vielen Fällen wird es möglich sein, in diese Dachfallrohre auch die Küchen- und Badewässer einzuführen; es wird dann ganz besonders auf eine frostfreie Lage zu achten sein (am besten im Innern des Gebäudes), auch empfiehlt es sich dann, innen emaillierte Gufsrohre zu verwenden, die unter allen Umständen den Fallsträngen aus Zinkblech oder Bleirohr (schon wegen der gröfseren Widerstandsfähigkeit gegen chemische Einflüsse) vorzuziehen sind. Für 8 bis 10 Küchenausgüsse genügen 6,5 cm l. W.; bei 47 cm nutzbarer Länge kostet ein innen emailliertes Gufsrohr 1,50 *M.* Man hat bei Gufsrohren nur zu beachten, dafs die Wandstärke nicht weniger als 7 mm betragen darf und dafs zur Muffendichtung kein Zement, sondern Teerstrick und Blei verwendet wird. Zur Dichtung der Steinzeug- und Thonrohre benützen die Engländer meist bituminöse Verbindungen (z. B. 26 Teile Schwefel, 12 Teile Sand und 6 Teile Teer), die vor dem Zement unverkennbare Vorzüge besitzen, insbesondere eine gewisse Elastizität. Sollen die Abfallröhren doch aus Zink- oder verzinktem Eisenblech hergestellt werden, so sollten sie doch wenigstens nicht einen kreisrunden, sondern einen rechteckigen flachgewellten (kannelierten) Querschnitt erhalten, wie in Nordamerika üblich ist und wobei nicht nur ein Aufreifsen der Rohre bei Frostwetter nicht erfolgt, sondern von dem abfliefsenden Wasser auch sehr viel weniger Luft mit fortgerissen wird. Die dadurch erzeugten Luftstauungen beim Übergang in die Grundleitung sind es aber hauptsächlich, die Verstopfungen und Überschwemmungen verursachen. In Paris bringt man in den Fallrohren nach alter Mode, jederzeit eine besondere Abteilung für die aufsteigende Luft an. Im allgemeinen werden bei uns unnötig viele Fallstränge angeordnet; es gilt aber, wenigstens bei deutschen Installateuren als das Kennzeichen einer musterhaften Entwässerungsanlage, mit möglichst w e n i g e n derselben auszureichen. Immerhin hat man bei uns gegen die Einführung derartiger Wässer in die Abtrittfallrohre, wie sie von manchen Seiten sehr empfohlen wird, noch ein lebhaftes und wohl nicht unbegründetes Mifstrauen. Es wäre selbstredend nur beim Vorhandensein von Wasserklosetts möglich; nun sind aber diese in den sächsischen Städten noch mit Absetzgruben verbunden und das Durchführen der Tage- und Brauchwässer würde ein zweckloses Aufrühren und Gasentwickeln des Grubeninhalts zur Folge haben. Aufserdem sind die Geruchverschlüsse an den Ausgufsstellen noch lange nicht alle so zuverlässig (vgl. Fig. 56), dafs nie ein Zurückströmen der Grubengase zu befürchten wäre. Auch die Engländer gehen mit der Vereinigung nicht soweit; sie führen die Dach- und Planschwässer, für sich, regelmäfsig aufserhalb des Hauses herab und lassen sie frei über Sinkkästen ausmünden. Letzteres verbietet sich bei uns schon wegen des kälteren Klimas; dafür sollte aber am unteren Ende der Regenrohre ein wirksamer Wasserverschlufs wenigstens dort nie fehlen, wo sich oberhalb der Dachrinne noch Wohnraumfenster befinden. Dann kann der Hauptwasserverschlufs gegen die Strafsenschleuse, auf den die Engländer so aufserordentlichen Wert legen, unbedenklich wegbleiben. Um das Leersaugen der Wasserverschlüsse (Syphons) unter den Wasserausgüssen zu verhüten, sollte nicht nur das Fallrohr am obern Ende regelmäfsig offen bleiben (und über Dach ausmünden), sondern es sollte auch verhütet werden, dafs der Wasserverschlufs, der in den unteren Geschossen befindlichen Ausgüsse gebrochen wird, wenn eine gröfsere Wassermenge von oben herab fällt und die Luft vor sich her treibt. Die Ursache und der Vorgang bei dieser Erscheinung erklärt sich am besten mit Hilfe einer gewöhnlichen Saugpumpe: dieselbe Funktion, die bei jener der hochgezogene Kolben hat, nämlich, einen luftleeren Raum herzustellen, in den das Wasser nachströmt, versieht hier der niedergleitende Wasserpfropf, nur in entgegengesetzter Richtung. Mit Rücksicht hierauf mufs vom Scheitel des Syphons ein Lüftungsrohr ausgehen und entweder oben, im Dachraum in den über Dach geführten Fallstrang einmünden oder wenigstens in einen geeigneten (stets erwärmten) Schornstein geführt werden. Befindet sich zwischen der Strafsen- und der Hausschleuse ein Hauptwasserverschlufs, so mufs die Luftcirkulation durch die Fallstränge der Hausentwässerung in anderer Weise und zwar dadurch ermöglicht werden, dafs der Heimschleuse in ihrem tieferen Teil durch einen in der Höhe des Hofpflasters oder Vorgartens ausmündenden

Abzweig dichtere und schwerere Luft zugeführt wird, welche die zum Aufsteigen erwärmte Luft zu ersetzen vermag. Es ist auch für den Baumeister beachtenswert, wie das Prinzip des Druckausgleichs und der Erneuerung der Luft in einer Kanalanlage uns an unserem eigenen Körper vorbildlich gelehrt wird. Die Eustachische Röhre dient nicht nur als Abzugsrohr (für Schleim), sondern auch als Ventilationsrohr nach der Paukenhöhle des menschlichen Ohres. Zu den horizontal, zumeist unter dem Boden zu verlegenden Röhren (Grundleitungen) kann recht wohl Steinzeug, das sich in den Geschossen seines gröfseren Volumens wegen weniger empfiehlt, zur Verwendung kommen, was ja in den meisten Fällen, wenn auch nicht immer mit tadellosem Material, auch geschieht. Oft wird aber hier der Fehler gemacht, dafs man aus Furcht vor den tiefen Rohrgräben das vorhandene Gefälle nicht ordentlich ausnutzt und lieber die Rohre weiter macht als nötig und zweckmäfsig. Damit wird aber die Ursache geschaffen zu deren Verschlämmung, und die weitere heillose Folge hiervon wieder ist in vielen Fällen die Anlage sogenannter Schlammfänge im Keller d. h. gemauerter, schlecht zugedeckter Kästen, deren Inhalt jahrelang ungestört fault und den Keller, die Hausflur und das Treppenhaus mit Gestank erfüllt! Es ist unbegreiflich, wie solche Zustände in manchen Städten (Dresden gehört auch zu ihnen, man vergl. S. 21) neben den sonstigen Assanierungsbemühungen ruhig fortbestehen können. Wahrscheinlich hält man das immer noch für erträglicher, als die offenen Rinnschleusen, die nur mit einem Brett lose bedeckt, sich gleichfalls noch in vielen Hausfluren, als Entwässerung der Höfe und Hinterhäuser vorfinden. Wenn man einen Prüfstein für das sanitäre Verständnis unserer Bauenden sucht: hier ist er!

Das Problem, Heimschleusen automatisch gegen das Rückstauwasser der Strafsenschleuse abzuschliefsen, schien trotz vielfältiger Bemühungen unlösbar. Budde & Göhde verfertigten zwar Geruchverschlüsse mit Rückstauschwimmerventil (System Putzrath) für Abflufsleitungen, 10 cm weit für 22 ℳ; zuverlässiger waren aber doch am Ende die von denselben fabrizierten »Rückstau- und Revisionskästen« (Fig. 59 bis 61) mit Feststellung der Klappe, die in Weiten von 100 bis 160 mm hergestellt werden, und die »Kanalschieber«, Fig. 62/63 mit abgedrehten Dichtflächen für 250 bis 450 mm l. W. Diese gewähren auch die Möglichkeit, den Inhalt im oberen Teil einer Heimschleuse anzusammeln und durch plötzliches Ziehen des Schiebers zum kräftigen Durchspülen des untern Rohrstrangs zu verwenden. Indessen liefert Grove jetzt auch ein zuverlässig selbsthätig funktionierendes Rückstauventil (mit hohler Hartgummiklappe, Behn's Patent), das bei 10 cm l. W. 50 ℳ kostet.

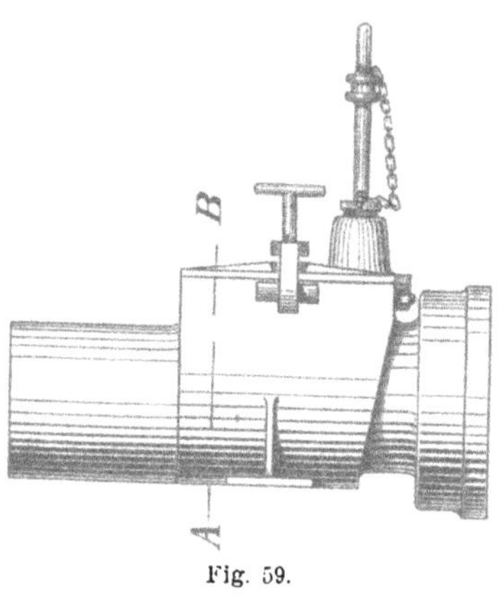

Fig. 59.

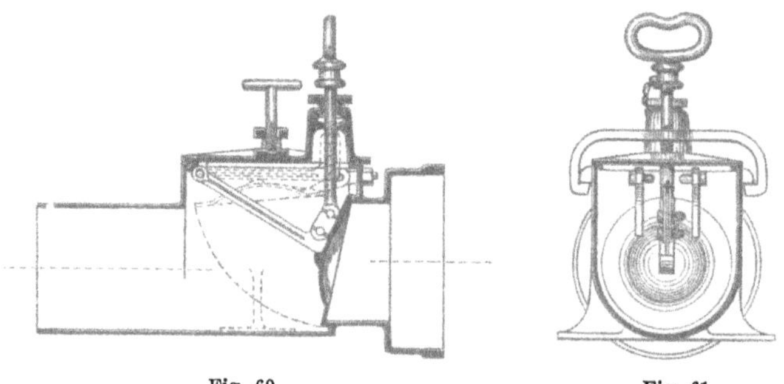
Fig. 60. Fig. 61.

Die Beseitigung der Abwässer aus den Waschküchen wird vielfach vernachlässigt. Als Entschuldigungsgrund wird häufig der Umstand angeführt, dafs ihr Fufsboden tiefer als die Heimschleuse oder gar als die Strafsenschleuse liegt, und dafs somit eine selbstthätige Entwässerung des Fufsbodens nicht möglich sei. Als Ersatz wird dann meist in diesem ein vertieftes Schöpfloch angelegt und von hier soll ein eimerweises Überschöpfen nach dem höher gelegenen Schleuseneingufs stattfinden.

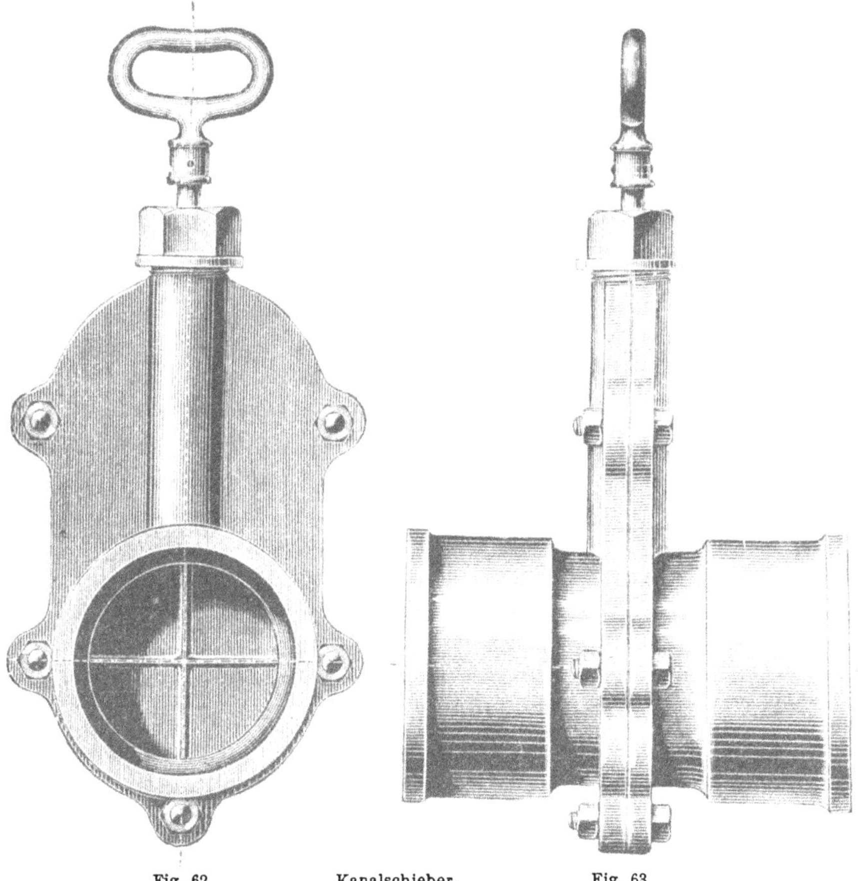

Fig. 62. Kanalschieber. Fig. 63.

Dieses Geschäft ist aber beschwerlich und es wird deshalb von trägen Dienstboten gar nicht ungern gesehen, wenn der durchlässige Waschküchen-Fufsboden möglichst viel des Abwassers vorher verschluckt. Für die Folgen der Verjauchung des Untergrundes, die dadurch gefördert wird, haben sie so wenig Verständnis, wie der denkfaule Erbauer solcher Waschküchen. Der Fufsboden sollte stets wasserdicht aus mindestens 12 cm starker Betonschicht mit Asphalt- oder Zement-Überzug hergestellt werden; er sollte auch stets von den Wänden nach der Mitte Gefälle erhalten und hier entweder direkt (aber immer mit Geruchverschlufs) nach der Heimschleuse Ablauf erhalten, oder wenn diese nicht tief genug liegt, mit dem Saugkopf einer kleinen Handpumpe oder besser noch eines Ejektors in Verbindung stehen. Eine Körting'sche Wasserstrahlpumpe kleinster Gattung, mit Saugwirkung, fördert bei 10 mm Durchmesser der Hochdruckwasserleitung (welche als bewegende Kraft dient) in der Stunde etwa 1000 l und kostet mit Saugsieb und Wasserventil 27 ℳ. Einer so ausgerüsteten Schöpfstelle kann dann unbedenklich auch das Regen- und Tauwasser von der zur Waschküche führenden Hoftreppe zugeleitet werden. Wenn die Hofentwässerung unterirdisch erfolgt, so ist ein sehr häufig anzutreffender Fehler der, dafs die Schleuseneinfälle entweder keinen Wasserverschlufs erhalten, oder dafs dieser Wasserverschlufs nicht in frostsicherer Tiefe angebracht wird. Die Folge des Mangels ist das Ausströmen der Gase aus den Strafsenschleusen nach den wärmeren Hofräumen, die Folge der falschen Anordnung das Einfrieren des Ablaufs und damit das Versagen der Entwässerung gerade bei Tauwetter. Hofsinkkästen (Gullies) sollten wenigstens stets durch ein nach unten gekrümmtes Ablaufrohr, dessen offener Schenkel in den Gullyinhalt

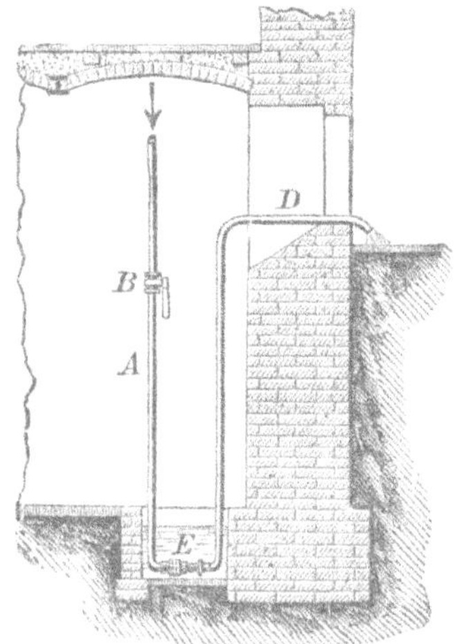

Fig. 64. Nichtsaugende Wasserstrahl-Kellerpumpe. *A* ist die Wasserzuführung von der Hausleitung.

eintaucht, gegen die Schleusengase abgeschlossen werden, und dieser oder jeder sonst zu wählende Wasserverschlufs sollte mindestens 1 m unter Terrain angebracht werden. Zu einem vollständigen Hof-Gully gehört aufser dem aus Klinkern und Zement gemauerten Behälter nebst Rostgitter und Wasserverschlufs noch ein Schlammeimer mit Trichter und Fallrohr. Die Frankfurter Baubank liefert vollständige, 1,30 m tiefe, 30 cm weite Sinkkästen aus Steinzeug, mit Aufsatz und Eimer aus Eisen, für 60 ℳ; mit der Herstellung der einzelnen Bestandteile beschäftigen sich viele Eisengiefsereien; recht gute Modelle zu diesem Zweck haben Budde & Göhde in Berlin. Die Preise schwanken mit

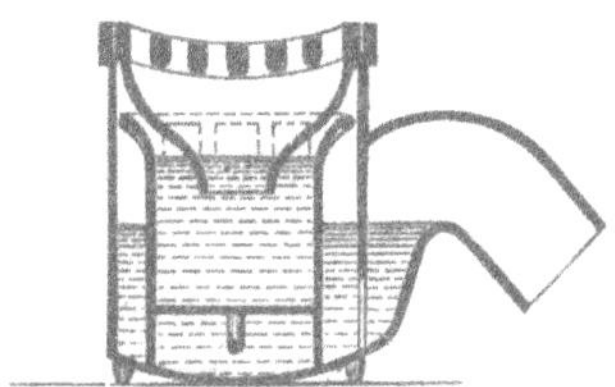

Fig. 65. Schnitt durch ein Hofgully.

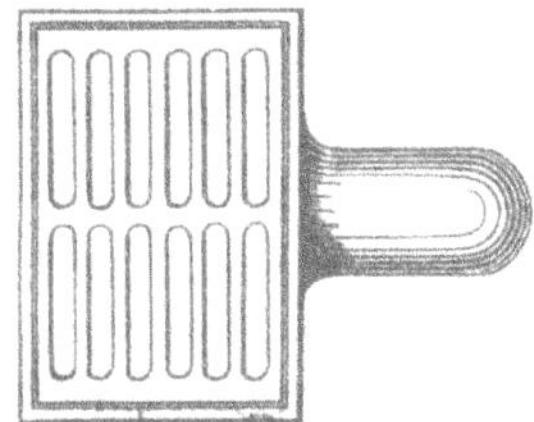

Fig. 66. Ansicht von oben.

den Markpreisen des Eisens. Für den Architekten ist es unzweifelhaft eine Pflicht, die Entwässerungsanlagen eines Wohnhauses von Anfang an ins Auge zu fassen, damit sie frostfrei zu liegen kommen, mit den Balken nicht in Kollision geraten, und dafs die Durchgänge der Rohre in den Gewölben, Scheide- und Umfassungsmauern rechtzeitig ausgespart werden.

Eine gewissenhafte Bauleitung wird nach der Fertigstellung einer Entwässerungsanlage auch deren Prüfung nicht unterlassen. Dabei handelt es sich nicht blofs um die vollkommene Schadlosigkeit aller verwendeten Rohre und um ihre dichten Verbindungen, sondern auch um die Zuverlässigkeit aller Wasserverschlüsse gegen das Eindringen von Schleusengasen in die Räume einer Wohnung. Die horizontalen (Boden-) Leitungen werden vor ihrer Verdeckung am tiefsten Punkt verschlossen, mit Wasser gefüllt und beobachtet; die Leitungen über dem Hofniveau werden mit Schwefelrauch vollgepumpt, und hierauf werden alle Räume, wo sich Ausgüsse befinden und deren Fenster und Thüren vorher geschlossen wurden, auf Schwefelgeruch untersucht. Es versteht sich von selbst, dafs vorher alle Wasserverschlüsse gefüllt werden mufsten. Anstatt Schwefel zu verbrennen, wozu eine besondere Rauchpumpe gehört, kann man auch Pfeffermünzöl in die Grundleitung einschütten und dem Geruch nachspüren.

VIII. Aborte, Asche- und Kehrichtgruben.

Was von der rechtzeitigen und umsichtigen Disposition der Entwässerungsanlagen gesagt wurde, gilt im gleichen Mafse auch für die Aborte. Ihre richtige Lage in Beziehung auf die Wohnräume, ihre wirksame Lüftung und auch der Komfort, den sie gewähren, ist für die Gesundheit und das Behagen der Bewohner von gröfserer Bedeutung, als viele Baumeister zu wissen scheinen, und die frostfreie Lage ist namentlich bei den Abortfallrohren so wichtig, dafs sie bis zu einem gewissen Grade sogar die Grundrifsanordnung beeinflussen sollte. Denn mit mächtig weiten Holzschloten, welche Mode waren, als die noch gültige Baupolizeivorschrift entstand: »Abtritte sind an eine Umfassung zu legen«, haben wir es heute und schon lange nicht mehr zu thun; seitdem Spülung und Verschlufs mit Wasser uns vor der ärgsten Geruchbelästigung schützen, darf der bequemen und frostfreien Lage ebensoviel Aufmerksamkeit geschenkt werden, wie früher der luftigen allein. Die Abtritte auf halber Treppenhöhe an das Podest zu legen, ist ebenso gebräuchlich wie häfslich; meist sind sie aber dann auch noch viel zu eng. Das kleinste Ausmafs für einen

Abort ist 80 × 100 cm, wenn die Thür nach aufsen aufgeht, sonst 125 cm. Die Wände sind mit Ölfarbe zu streichen, oder mit geschliffenem Zementputz zu verkleiden. Die kleinste Fenster- und Luftöffnung mufs mindestens 25 cm im Quadrat messen. Dafs die Fufsböden, wenn irgend möglich, wasserdicht hergestellt werden sollten, wurde schon früher bemerkt. Ein Kleiderhaken sollte

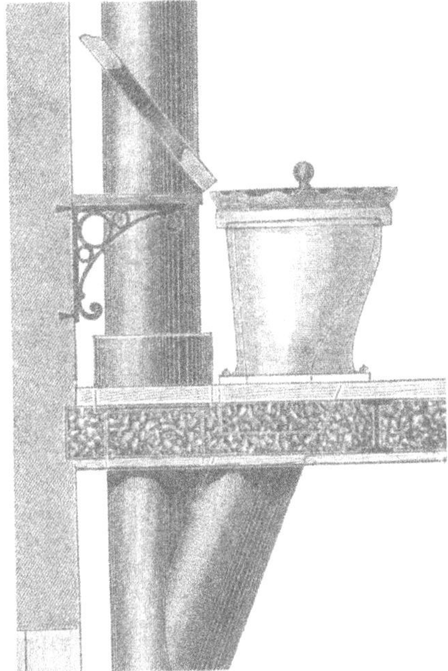

Fig. 67.

nie fehlen. Die Abortsitze werden fast immer zu hoch angelegt; als Sitzhöhe sind 46—47 cm das richtige Mafs. Am Material des Sitzbeckens oder Trichters sollte auch im einfachsten Wohnhause nicht gespart werden. Emailliertes Gufseisen und glasiertes Steinzeug ist nur zu empfehlen, wenn es aus ganz zuverlässigen Fabriken bezogen wird und sowohl Emaille wie Glasur von tadelloser Glätte und Dauerhaftigkeit sind. Ganz besonders günstige Prüfungsergebnisse in dieser Richtung wurden erzielt mit den Johnson'schen Fabrikaten aus Fayence (Campe & Co. in Berlin). Die als Sitze dienenden Holzkästen sollten immer mehr aus der Mode kommen, das freistehende Abortbecken mit Klappsitz auf Wandkonsolen (Fig. 67) aber für unsere Miethäuser allgemein gebräuchlich werden. J. A. Braun (früher Braun & Volz) in Stuttgart liefert einen solchen Sitz mit braunem Steinzeug-Trichter, Klappsitz

Fig. 68. Klosetteinsatz ohne Wasserspülung; Klappe mit Hebelvorrichtung.

und Zubehör für 35 ℳ; Genth in Crefeld den freistehenden »Universal-Abtritt« mit gufseisernem, innen emailliertem Körper, mit festem Sitz, schon für 23,25 ℳ. Zu den Einrichtungen in bisheriger Weise kosten Sitztrichter aus weifser Fayence bei 34 cm oberer Weite und 42 cm Höhe (bei Villeroy & Boch) 6,50 ℳ, aus Gufseisen aber, innen emailliert, ziemlich genau in gleichen Abmessungen (in Tangerhütte) 10 ℳ; die ovale Form bei ungefähr gleicher Gröfse in Fayence 5,80 ℳ, in Gufseisen 6 ℳ. — Die Luftbewegung durch die Sitztrichter sollte stets in der Richtung nach der Schlotte stattfinden; gleichwohl gehört das Herauswehen aus dem offenen Abtrittsitz zu den baulichen Mängeln, unter denen viele Wohnungen leiden. Die für die Nase unangenehmen und für die Gesundheit schädlichen Folgen können durch Einsetzen eines Luft- oder Trockenklosetts (Fig. 68) vermindert

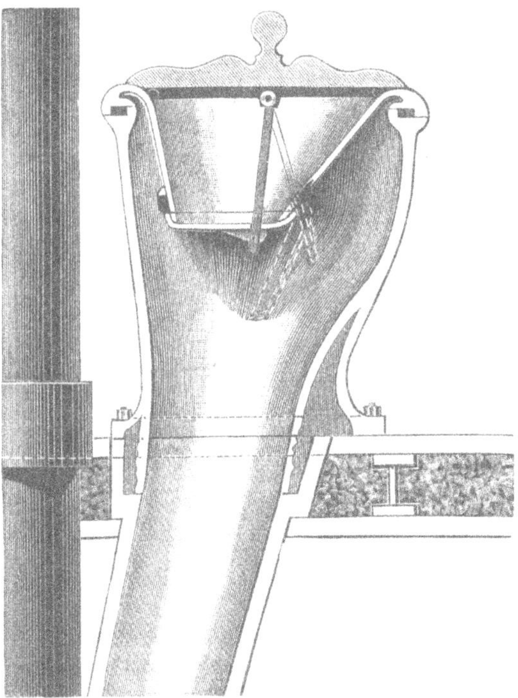

Fig. 69. Einsatz und Deckel sind durch Gummiringe gedichtet.

werden, wenn der vorhandene Schlottentrichter weit genug ist, um einen solchen Einsatz aufnehmen zu können. In emailliertem Eisen mit selbstthätiger Klappe kostet ein solcher (bei Gebr. Liebold in Dresden) 5,75 ℳ; mit Zugmechanismus 7 ℳ, mit Fayencebecken und in feiner Ausstattung 18 ℳ. Auch Braun liefert zur Vervollständigung seines freistehenden Abortsitzes einen Trockenklosett-Einsatz aus Porzellan für 24 ℳ.

Zur Geruchverminderung von Aborten, die in der baulichen Anlage verfehlt sind, ist ferner schon oft Torfmull mit bestem Erfolg verwendet worden. In primitiver Weise geschieht dies, indem zerkrümelter Torfmull, so oft sich Flüssigkeitsansammlung in der Grube zeigt, direkt in diese hineingeschüttet wird; ökonomischer und wirksamer ist es aber, ihn nach jedesmaligem Gebrauch selbstthätig

Fig. 70. Fig. 71. Torfmull-Klosett über einem Eimer.

einzustreuen. Die dazu erforderlichen Streuapparate nebst Sitz werden in der einfachsten sowohl, wie auch elegantesten Weise hergestellt; zur Not können sie auch ohne Grube, nur über einem Eimer aufgestellt werden (Fig. 70/71). Bei Poppe in Kirchberg kostet eine derartige Einrichtung in einfachster Ausstattung, direkt über der Grube oder Schlotte anzubringen (Fig. 72) 33 M; als tranportable Abortanlage, mit verzinktem Eisenkübel, je nach der Ausstattung 47—150 M. 1 Zentner Torfmull genügt für ca. 9 Zentner Fäkalstoffe;

einzelne Ballen (ca. 150 kg) kosten pro 100 kg 2—3 ℳ ab Versandstation (z. B. Haspelmoor in Oberbayern, 1,20 ℳ pro 50 kg). Jährlicher Bedarf für einen Hausbewohner ungefähr ½ Zentner. Sehr gute Erfolge sind übrigens auch bei Verwendung von trockner, gesiebter Gartenerde anstatt des Torfmulls erzielt worden, und geradezu überraschend waren sie mit der Asche von Anthracit.

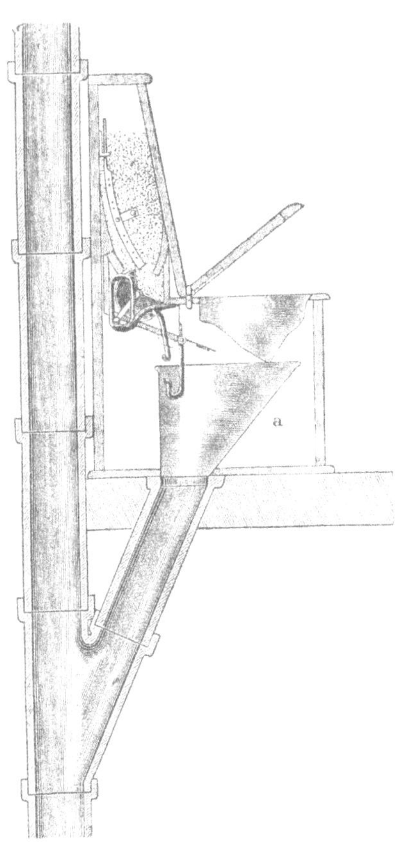

Fig. 72. Torfmull-Klosett über der Grube bezw. Schlotte.

Die Lösung der Abortfrage auf einem neuen Weg versucht das Feuerklosett (vormals J. H. Hilpert, Nürnberg). An Stelle der Sammelgrube ist hier ein Ofen mit sehr sparsamem, aber kontinuierlichem Brand aufgestellt, dem die Fäces in dünner Schicht (zwischen zwei Walzen) zugeführt werden, während die Flüssigkeiten in eine Verdampfungswanne gelangen. Alle Dünste und Wasserdämpfe, aber auch die Luft aus den Aborträumen wird nach den glühenden Kohlen abgezogen und geht durch den Schornstein. Die Ausführbarkeit und Zweckdienlichkeit des Gedankens ist bereits aufser Zweifel gestellt; Einzelheiten sind noch verbesserungsfähig. Eine derartige Anlage für ca. 50 Personen kostet (ohne Sitze und Schlote) 450 ℳ; der Kohlenverbrauch ist ganz geringfügig.

Aufser Luft, Erde und Feuer hat man endlich auch das Wasser zur Lösung der Abortfrage zu Hilfe gerufen und damit bis jetzt, vom Standpunkt des Hausbewohners, den besten Erfolg erzielt. Die Zahl der verschiedenen Konstruktionen von Spülaborten (Wasserklosetts), die bisher zur Ausführung gelangt sind, setzt auch den Fachmann in Erstaunen; ohne Mühe lassen sich 20 und mehr derselben anführen, denen allen wirklich verschiedene Gedanken zu Grunde liegen. Den grofsen Hauptunterschied macht man zwischen

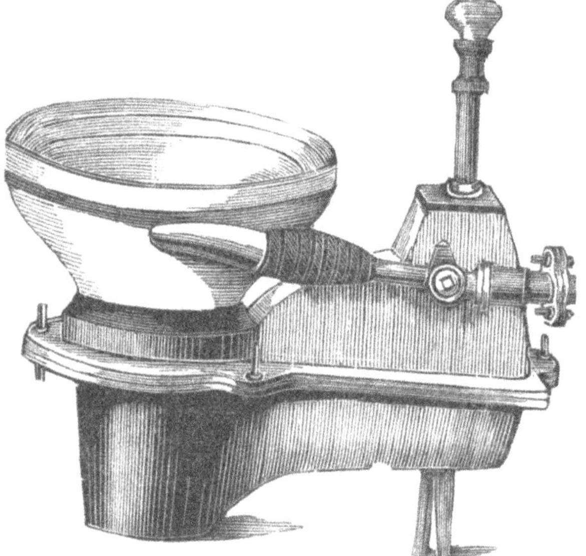

Fig. 73. Ventilklosett, bei dem sich durch einen Zug Verschlufsklappe und Wasserzulauf zugleich öffnen.

Ventilklosetts und ventillosen Wasserklosetts, bei den letzteren wieder zwischen der flachen Beckenform mit seitlichem Auslafs und der tiefen Beckenform mit Bodenauslafs. Ventillose Klosetts mit tiefen Becken sind zur Zeit mit Recht am meisten in Anwendung. Es sollen hier nur die wichtigsten Anforderungen besprochen werden, die an ein derartiges Klosett zu stellen sind. Das Becken soll glatte, dauerhafte Glasur (vgl. S. 83, unten) und an der Rückseite steil abfallende Wandung haben; es mufs von der Wasserspülung in allen seinen Teilen getroffen werden und durch einen wenigstens

50 mm tiefen Wasserstand mit ca. 90 mm Durchmesser gegen das Abortrohr dauernd abgeschlossen sein. Zur gründlichen Spülung sind nach vielfachen englischen Versuchen 14 l Wasser erforderlich, die sich in möglichst kurzer Zeit (5—7 Sekunden) in das Becken entleeren sollen. Die letztere Bedingung wird durch den Glockenheber im Spülbehälter, in Verbindung mit einem mindestens 32 mm weiten Abflufsrohr, möglichst ohne Krümmungen, am sichersten erreicht. Derartige Spülbehälter werden jetzt stets für jedes Klosett besonders, in mindestens 2 m Höhe unmittelbar darüber, angebracht; mit Schwimmer und automatischem Abflufsapparat kosten sie ca. 27 ℳ (Spezialität u. a. von Karl Beyer & Sohn, Frankfurt a. M.); sie werden jetzt auch so konstruiert, dafs sie sich unabhängig vom Schwimmer rasch (z. B. binnen einer Minute) wieder füllen; ferner gibt es Einrichtungen, bei denen die Spülung selbstthätig regelmäfsig, in kurzen Zwischenräumen erfolgt. Hierbei findet zwar ein reichlicher Wasserverbrauch statt, dafür ist aber auch Unfug und Beschädigung (z. B. in grofsen Mietshäusern) ausgeschlossen. Komplete Wasserklosetteinrichtungen: Sitz mit Becken, Spülbehälter mit Apparat, Rohr und Zug u. s. w. liefern Houben in Aachen unter dem Namen »Sanitasklosett« schon für 80 ℳ, Riemann in Berlin »Unitasklosett« für 100 ℳ.

Bei der Anwendung von Klosetts sollten für bessere Wohnungen, wo es irgend geht, zwei Sitze eingerichtet werden, weil Störungen oder Reparaturen schliefslich auch beim besten Apparat einmal vorkommen und zu argen Verlegenheiten Anlafs geben, wenn blofs ein Abort vorhanden ist. Um Pissoirbecken ohne zu starken Wasserverbrauch geruchlos zu erhalten, findet man sie mitunter beständig mit Wasser gefüllt. Das ist aber beim Gebrauch nicht sehr angenehm. Ein gutes Mittel zur Geruchverhütung bietet sich in Stoffert's (Hamburg) Ölpissoirbecken, die aus unglasiertem Thon bestehen und von einem aufgeschraubten Behälter aus sich mit Öl vollsaugen, so dafs alle wässerigen Flüssigkeiten an ihren Wandungen vollständig ablaufen. Die kleinste Sorte dieser Becken von gewöhnlicher Form, 33 cm breit, 22½ cm Vorsprung, kostet 22 ℳ; sie machen Wasserspülung entbehrlich. Mit der dekorativen Ausstattung von Pissoirwänden und Becken, mit farbigen Blumen und Arabesken, wird häufig weiter gegangen, als sich mit der Zweckbestimmung und dem Geschmack des Benützenden verträgt; doch das sei nur nebenbei bemerkt.

Als Material zu Abortröhren kann nur Gufseisen oder Steinzeug in Betracht kommen, ersteres an der Innenseite wenn möglich emailliert oder wenigstens sorgfältig asphaltiert, letzteres jedenfalls beiderseitig mit dauerhafter Glasur versehen. Haben sämtliche Abortsitze Wasserspülung, und erhält das Rohr keinerlei Neigung oder Krümmung, so kann zur Not 10 cm l. W. genügen; für ungespülte Aborte in mehreren Geschossen ist 15 bis 25 cm lichte Weite erforderlich. Abzweigungen sollten mit der Lotrechten nicht mehr als 25° Winkel bilden; an unvermeidlichen scharfen Biegungen sollten gut verschlossene Reinigungsöffnungen und Wasserspülvorrichtungen angelegt werden. Recht zweckmäfsig sind die von Held, Ludwigshafen, offerierten »verstellbaren Patentbögen« zu gufseisernen Abortrohren, die vom rechten Winkel bis zur geraden Linie verstellbar und jederzeit leicht auseinander zu nehmen sind; mit 157 mm l. W. kosten sie beispielsweise 2,88 ℳ. — Wenn auch keinerlei andere Mafsregeln zur Abhaltung der Grubengase von den Wohnräumen angewendet werden, so sollte doch das untere Ende der Abtrittschlotte wenigstens mit einem nach oben gekehrten Krümmling (Syphon) versehen werden (Fig. 74). Franz Genth in Crefeld liefert solche aus Gufseisen, die sich bis auf 26 cm erweitern (um Verstopfungen zu verhüten), für 12½ resp. 20ℳ, asphaltiert resp. emailliert. Dafs auch das Abortrohr in voller Weite, senkrecht, und noch über etwaige benachbarte Fenster hinaus, über das

Dach aufgeführt werden mufs, ist zwar selbstverständlich, bleibt aber oft unbeachtet. Auch sollte durch einen passend gewählten Aufsatz oder durch eine Flamme im oberen Teil des Rohres dafür gesorgt werden, dafs in diesem stets eine aufsteigende Bewegung der Luftsäule stattfindet. Denn die Bewegung in umgekehrter Richtung, d. h. das Herauswehen aus dem geöffneten Sitz, ist nicht nur bei dem Gebrauch höchst unangenehm und unter Umständen der Gesundheit direkt schädlich, sondern es führt auch solche Unmassen von Abtrittluft dem Hause zu, die man kaum für möglich hält. Pettenkofer hat in dem einen Fall mit Hilfe des Anemometers beobachtet und berechnet, dafs binnen 24 Stunden mehr als 10000 cbm ausströmten. Die Gefahr ist um so gröfser, als die Bewohner eines solchen Hauses sich bald an den Geruch gewöhnen und die Verderbnis ihrer Hausatmosphäre gar nicht mehr wahrnehmen. Für solche Fälle sei (gleichfalls nach Pettenkofer) empfohlen, ein Stück Curcumapapier anzufeuchten und zur Hälfte zwischen zwei Glasplatten einzuklemmen, während die andere Hälfte der Zimmerluft direkt ausgesetzt bleibt. Nimmt die unbedeckte Hälfte eine dunklere (bräunliche) Färbung an, so ist die Luft mit Ammoniak verunreinigt. Das Curcumapapier zeigt die alkalische Reaktion an; in Kanal- oder Abortjauche eingetaucht, soll es sich rotbraun färben; in Säure eingetaucht, nimmt es dann wieder seine gelbe Farbe an. Lackmuspapier hingegen wird, wie bekannt, durch sauer reagierende Flüssigkeiten weinrot, durch Alkalien wieder blau gefärbt.

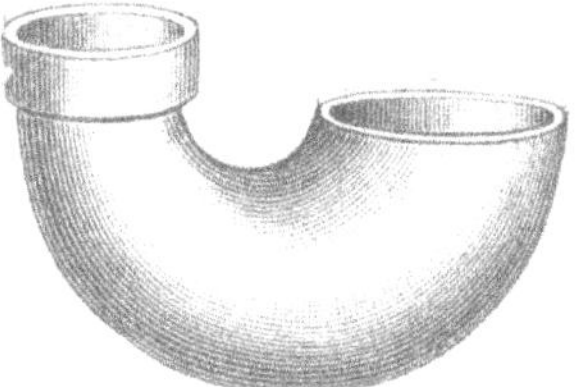

Fig. 74. Die Abortschlotte baut sich über der Muffe auf der linken Seite auf; der Syphon mufs genau horizontal angebracht werden.

Die Gröfse der Abortgruben ist nur in wenigen Städten durch Vorschrift geregelt (z. B. in Stuttgart, wo für eine Familie 0,25 cbm Fassungsraum zugelassen wird); meist herrscht bei ihrer Feststellung die blindeste Willkür.

Nächst der Bewohnerzahl sollte sie sich nach der Häufigkeit der Abfuhr richten; einen gewissen Anhalt für die Berechnung erhält man, wenn man pro Kopf und Jahr durchschnittlich 440 kg oder 0,5 cbm Abortstoffe rechnet, und wenn man als lichte Höhe der Grube mindestens 1,8 m annimmt. Handelt es sich nicht um geschlossene Sammel-, sondern um Wasserspülgruben, mit Überlauf, so genügt eine 1,50 m lange, breite und tiefe Grube für alle Fälle als Hauptgrube. — Wenn durch das Abortrohr allein keine ausgiebige Lüftung der Grube zu erzielen ist, so hat sich schon häufig eine Verbindung derselben mit dem Dachfallrohr als nützlich erwiesen. Das dazu erforderliche Verbindungsrohr mufs aber selbstredend mit einem nach oben gekehrten Knie an das Regenrohr ansetzen, damit ein Wasserablauf durch das Lüftungsrohr unmöglich gemacht wird. — Hinsichtlich der gemauerten Abortgruben sei nur noch bemerkt, dafs eine Isolierschicht aus fettem Thon, welche die Grubenumfassungen wie ein Mantel einhüllt, sich als das zuverlässigste Mittel gegen Undichtheiten im Mauerwerk und deren Folgen für die Umgebung bewährt hat. Das Hereinreichen der Gruben in den überbauten Raum sollte aber unter allen Umständen vermieden werden, namentlich sind auch die »Rutschen« und »Grubenhälse« sanitär ganz verwerfliche Anlagen, ihr Ersatz durch Rohrleitungen wird stets möglich sein.

Die Räumungskosten für Abtrittgruben alten Stils betragen in Dresden pro 1 cbm 2,50 ℳ, wenn die Gruben eine unmittelbare Zufahrt gestatten, sonst 3 ℳ, und wo sich besondere Schwierigkeiten vorfinden 3,50 ℳ. Im Sommer erhöhen sich diese Sätze noch um 50%, und wo die Entleerung nicht pneumatisch erfolgen kann, um 30%. Bis zu 3 Latrinfässer werden für 2,70 ℳ abgefahren.

Von der Menge der verschiedenartigsten Abfälle einer grofsen Stadt, die unter den Namen Asche, Kehricht, Mull, Scherben u. s. w. bekannt sind, macht man sich zumeist eine zu kleine Vorstellung, weil diese Dinge nicht nur zunächst ihren Zweck vollständig erfüllt haben, sondern zumeist auch so unerfreulicher Art sind, dafs sie den Augen und der Nase thunlichst entzogen werden. Es darf aber nicht übersehen werden, dafs sie sich in kurzer Zeit zu wahren Bergen anhäufen; die jährliche Menge in Berlin z. B. wird auf ca. 700000 cbm, das sind 233000 zweispännige Fuhren, geschätzt! Freilich macht ihre vorläufige Unterbringung dem Hausbesitzer meist viel weniger Schwierigkeiten oder Sorge, als die der Abortstoffe und Schleusenwässer. In den sächsischen Städten, Dresden an der Spitze, wird in jedem Grundstück in irgend einem Hofwinkel ein gemauerter Behälter hergestellt, der zwar den Namen Aschengrube erhält, thatsächlich aber, mit Ausnahme der Fäkalien, alle Abfälle des Haushalts aufzunehmen hat. Diese bleiben hier monatelang oder bei genügender Gröfse auch jahrelang in Ruhe liegen, modern, faulen und erfüllen die Höfe mit jenem bekannten spezifischen Geruch. Endlich werden sie körbeweise durch die Hausflur getragen und mit Verbreitung von Staub, Schmutz und Gestank zur Belästigung der Strafsenpassanten in offene Abfuhrwägen geladen, falls sie nicht vorher (wie z. B. in Leipzig) zur Auffüllung tief gelegener Höfe oder gar des Balkeneinschubs Verwendung gefunden haben. Dafs dieser Zustand nicht ganz der normale sein kann, empfinden sogar einzelne Hausbesitzer und haben sich deshalb freiwillig einem (bis jetzt in Dresden, Breslau und Wien) als Privatunternehmen organisierten Abfuhrsystem angeschlossen, während das System in Berlin und Hannover obligatorisch eingeführt worden ist. Dabei werden transportable, gut verschlossene eiserne Behälter benutzt, die ca. 0,2 cbm fassen, und für die in jedem Grundstück eine besondere feste Einschüttvorrichtung (Kopf) angebracht wird und ein fahrbares Untergestell vorhanden ist, von dem sie bei der Abholung abgehoben werden (Fig. 75). Die komplete Einrichtung (nach Steinwald's Patent) mit 4 Stück Behältern (die kleinste erforderliche Zahl) kostet

180 ℳ, die Abfuhr pro Behälter 35 ₰, die jährliche Instandhaltung 3 ℳ. Durchschnittszahlen für die Häufigkeit der erforderlichen Abfuhr liegen noch nicht vor; man rechnet in städtischen Wohnhäusern jährlich pro Kopf 1/3 cbm Kehricht und Müll.

Sind in einem Hause erst einmal ambulante Behälter für den Abraum vorgesehen, so sollte auch noch der weitere Schritt bei dessen Erbauung geschehen und jedes Geschofs

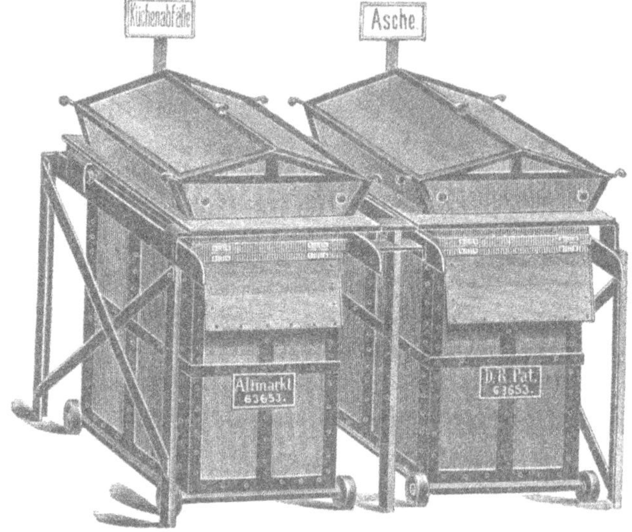

Fig. 75.

durch einen Kehrichtschlot direkt damit verbunden werden. Der Platz für einen solchen wird stets zu schaffen sein, sei es durch Aussparen im Mauerwerk oder durch Ergänzen einer geeigneten Mauerecke durch zwei aus Wellblech oder Rabitzwänden herzustellende Umfassungen. 30—40 cm lichte Weite genügt sowohl für den Schlot wie für die Einwurföffnung. Die letztere wird etwa 80 cm über dem Fufsboden angelegt und mit einer Winkelklappe (aus Eisenblech oder Gufseisen) ausgerüstet; sie verhütet das Zurückstäuben, ermöglicht aber auch noch, einen prüfenden Blick auf den Kehricht zu werfen. Liegen noch andere Einwurföffnungen weiter oben, so müssen die unteren durch Fallklappe geschützt werden, für den Fall, dafs oben und unten gleichzeitig eingeschüttet wird.

Es gehört nicht zu den Aufgaben dieses Buches, auf die Beseitigung der Hausabfälle aus dem Bereich der Städte und auf deren Unschädlichmachung näher einzugehen, so schwere Sorgen und grofse Kosten diese Frage den Verwaltungen grofser Städte auch bereiten mag. Indessen darf im Anschlufs an das über deren Sammlung in Transportgefäfsen Bemerkte doch nicht unerwähnt bleiben, dafs durch dieses System der Einführung der Kehrichtverbrennung in der besten Weise vorgearbeitet wird. Und je eher diese Beseitigung und Nutzbarmachung der Abfälle wenigstens in den grofsen Städten eingeführt wird, desto eher wird auch deren Assanierung einen mächtigen Schritt vorwärts thun. Der noch nicht ganz befriedigende Erfolg bei den in Berlin in gröfserem Mafsstab angestellten Versuchen darf jedenfalls von deren Fortsetzung nicht abschrecken; für England ist diese wichtige Frage auf diesem Wege gelöst worden, und irgendwie mufs sie es auch bei uns werden. Denn die Errichtung von Neubauten in Auffüllterrains, welche noch in Zersetzung begriffen sind, mufs auch den in sanitären Fragen weniger Bewanderten bedenklich machen; werden doch sogar die Sandsteinsockel solcher Gebäude durch die aufsteigende Lauge zerstört!

IX. Reinhaltung der Fufsböden und Wände. Desinfektion.

Die Auffassung unserer Wohnung als Kleid im weiteren Sinne ist gewifs berechtigt und beim Wohnen im eigenen Hause namentlich in Bezug auf Anpassung an unsere persönlichen Gewohnheiten, Bedürfnisse und

Geschmacksrichtung zutreffend; wenn aber die Kleider, die wir auf dem Leibe tragen, mitunter der gründlichen Reinigung bedürfen, und wenn die von Kranken benutzte Bettwäsche und Kleidungsstücke vor dem Weitergeben einer Desinfektion unterworfen werden, so sollte die Möglichkeit einer solchen auch bei den Häusern vorgesehen werden, die so häufig ihre Bewohner wechseln. Die Rücksicht auf Infektionskrankheiten (und als solche erweisen sich durch die fortgesetzten Forschungen eine immer gröfsere Zahl der menschlichen Krankheiten) erfordert aber noch weiter gehende Vorkehrungen in unseren Häusern zur Verhütung der Ansammlung von Krankheitskeimen und zur Erleichterung ihrer Beseitigung oder Vernichtung. Nach Ausweis der Statistik betrug in Dresden die Sterblichkeit (Ausgang des Winters 1894/95) pro Tausend 30,4; darunter befanden sich (im April) 91 Fälle von Lungenschwindsucht; ihr Verhältnis zur Gesamtzahl der Todesfälle stieg schon bis zu 14,8 %. Im ganzen Reich zählte man 1200000 Lungenkranke. Wieviel Ansteckungsstoff ist da zu befürchten und in den Mietwohnungen wahrscheinlich schon verbreitet! Bei den Nachrichten von dem Abbrennen ganzer Ortschaften in Rufsland geht allemal, mit Recht, ein Ruf tiefen Mitgefühls durch die Presse; aber wie notwendig mag dort solche radikale Desinfektion zeitweilig sein! Der russische Dichter Lermontow denkt wohl auch an solche Zustände, wenn er von seinem »ungewaschenen Rufsland« spricht. Auf die Vorzüge des fugenlosen Fufsbodens ist schon oft genug aufmerksam gemacht worden; welche Massen von Schutt und Schmutz in den Balkenlagen und unter den weitfugigen Dielen unserer alten Wohnhäuser stecken, wird man erst bei ihrem Abbruch mit Schrecken gewahr, und der Moderduft, der tagelang die Gassen bei solchem Abbruch erfüllt, söhnt mit etwaigen wehmütigen Gefühlen wegen des Abschieds reichlich aus. Wo in Neubauten Holzgebälke und Brettdielung nach altem Muster hergestellt werden, sollte wenigstens zur Füllung der Balkengefache nur ganz steriles Material (Gips- oder Zementdielen, ohne Einschubbretter) verwendet werden, und zur Erzielung eines, auch gegen Feuchtigkeit dichten Fufsbodens ist immer wieder der Linoleumbelag zu empfehlen, von dem ja, einfarbig und 3 mm stark, 1 qm schon für 2,50 *M.* zu haben ist. Linoleum besteht in der Hauptsache aus ganz fein pulveriesirten Korkabfällen, die durch oxydiertes Leinöl (Linoxyn) zusammengehalten werden und denen als Sikkativ schwefelsaures Mangan und als weitere Beimengung Mennige, Kolophonium und Kaurigummi zugemischt werden. Diese Grundmasse wird beliebig gefärbt und bei 140—150° C., ohne weiteres Bindemittel, auf ein Jutegewebe zwischen Walzen aufgeprefst. Die Oberfläche wird meist bunt bedruckt, die Rückseite bei guten Fabrikaten mit Firnifsfarbe gestrichen.

In Miethäusern, wo so oft diphtherie- oder scharlachkranke Kinder hausen, sollten aber auch die Wände eine gründliche Reinigung durch Abwaschen vertragen. Wenn eine solche auch eigentlich bei jedem richtig hergestellten Ölfarbenanstrich möglich sein sollte, so werden doch die »Porzellan-Emaillefarben« ganz besonders zu diesem Zwecke empfohlen. 3 1/4 kg genügen, um 10 qm dreimal anzustreichen, und kosten bei O. Fritze & Co. in Offenbach a. M. ca. 4,90 *M.*; der Anstrich kann auf roher Ziegelmauer erfolgen. — Werden Tapeten verwendet, so sollten abwaschbare vorgezogen werden. Es gibt deren aus deutschen Fabriken: »Waschbare Ölfarbendruck-Tapeten« z. B. mit weifs und blauem, glänzendem Fliesenmuster, und solche aus englischen Fabriken: »Sanitary washable paperhangings«, ohne Glanz, mit vorzüglichem Pflanzendekor; 1 qm tapezierte Fläche kostet etwa 50—60 *₰*; dem Kleister wird etwas venetianischer Terpentin zugesetzt. — Für Küchen, Speisekammern, Badestuben und Aborte ist die teilweise Verkleidung der Wände mit Kacheln oder Fliesen z. B. beim Spültisch, hinter der Wanne, oder ringsum auf etwa

1½ m Höhe, sehr zu empfehlen. Villeroy & Boch liefern die zu 1 qm erforderlichen glasierten Wandplatten (von 14½ cm Seitenlänge) schon von 8 ℳ. an. — Holzverkleidungen der Wände vereinigen mit der Möglichkeit der leichten Reinhaltung auch noch die schätzbare Eigenschaft, die Kältestrahlen der Aufsenmauern zurückzuhalten; sie kosten in gestemmter Arbeit bis zu 1,20 m Höhe pro 1 qm etwa 5 bis 7 ℳ und sind somit teuerer als Wandbekleidungen aus Lincrusta-Walton, Relief-Tapeten aus einer dem Linoleum ähnlichen Masse, die von Walton in Hannover nach den mannigfaltigsten, z. T. vorzüglichen Mustern fabriziert werden. Sie vertragen das Abwaschen nicht nur mit Seife, sondern auch mit verdünnter Säure. Vor dem Anbringen auf feuchten Mauern müssen diese mit einem besondern Firnifs (zweimal) gestrichen werden. Die Rollen haben zumeist 50 cm Breite, 1 m ist, in Lagerfarbe, schon von 1,65 ℳ an zu haben; 1 qm kostet somit, fertig angebracht, 3,50 bis 4 ℳ.

Von dem weitschichtigen Kapitel Desinfektion hat für den Baumeister die Frage nach der Unschädlichmachung der Abortstoffe gewöhnlich das gröfste praktische Interesse, weil sie in manchen Städten die Vorbedingung für die Zulassung der Grubenwässer in das städtische Kanalnetz bildet. Die Lösung ist hinsichtlich der Desinfektionsmittel, sowie der konstruktiven Anlagen auf den verschiedensten Wegen versucht worden. Es fehlt auch nicht an Stimmen, welche die Bemühungen um Desinfektion der Fäkalien überhaupt als aussichts- oder wenigstens zwecklos und für die Landwirtschaft nachteilig bezeichnen. Dies ist einmal eine Frage, bei der sich der Architekt keiner Unterlassungssünde schuldig macht, wenn er die Beantwortung und Lösung anderen Fachleuten überläfst. Immerhin kann es auch ihm nützlich sein, mit dem neueren Desinfektionsmittel Saprol bekannt zu werden, das nicht nur sehr wirksam ist (es enthält 40 % Kresol), sondern sich auch im Brunnenwasser durch Geruch und

Geschmack noch bei Verdünnungen von 1 : 1 000 000 zu erkennen gibt und dadurch gesundheitsschädliche Undichtheiten der Gruben und Schleusen anzeigt. — Nach den neueren Versuchen (von H. Vincent) ist das beste Desinfektionsmittel für Abtrittgruben das Kupfervitriol; 7—8 1/2 kg genügen für 1 cbm. Da aber alte Fäkalmassen alkalisch reagieren, so macht sich meist der Zusatz von Schwefelsäure (10 ‰) erforderlich. Vincent bezeichnet weiter das Eisensulfat und Chlorzink als nutzlos und eine absolute bakteriologische Sterilisation des Grubeninhalts als praktisch unausführbar. — Erwähnt sei hier auch noch das einfache, aber wirksame Mittel gegen das Riechen der Pissoirbecken, das darin besteht, dafs ein Stückchen gewöhnliche Waschseife auf deren Boden gelegt wird. Die Seife löst sich beim Gebrauch allmählich auf und wirkt desodorisierend. — Zum desinfizierenden Anstrich geputzter Wandflächen, z. B. in Kellern, wo sich schleimige Pilzüberzüge ansetzen, wird das Antinonnin sehr gerühmt. Da es sehr starke Verdünnung verträgt, ohne seine Wirksamkeit einzubüfsen, so darf es jedenfalls als ein wohlfeiles Desinfektionsmittel bezeichnet werden. In Pastenform und Büchsen kostet es (in den »Farbenfabriken Elberfeld«) pro 1 kg 5,75 ℳ. — Als noch wohlfeileren desinfizierenden Anstrich (etwa in Aborten, Pferdeställen u. dergl.) empfiehlt Campe ein Gemisch von 10 l dicker Kalkmilch (aus frisch gebranntem Kalk), in die noch heifs 1/4 bis 1/2 l Braun- oder Steinkohlenteer eingerührt wird. Damit der Anstrich, der hell rehfarben ausfällt, nicht abfärbt, setzt man noch 1/4 l 60 % Schwefelsäure zu, die zuvor mit 1/2 bis 3/4 l Wasser verdünnt wurde. Der kräftige Teergeruch ist den Tieren nicht zuwider. Um auch solche Fufsböden, z. B. in Waschküchen, Ställen, Hofräumen oder dergl., die keinen einheitlichen Überzug aus Zement oder Asphalt besitzen, gegen das Eindringen von infizierenden Flüssigkeiten zu schützen, ist es ratsam, wenigstens ihre Fugen mit Zement oder Bitumen zu vergiefsen. Als solches offeriert Zimmereimer & Co. in Berlin seinen »Wachsteer«, der zu dem Zweck mit Gips, Kalk, Sand oder Asche verdickt wird und vor der Verwendung keiner Erwärmung bedarf. 100 kg kosten 13 ℳ.

In grofsen Miethäusern sollte aber auch nicht ein wirklicher Desinfektionsapparat fehlen. Dabei ist nicht an kostspielige Einrichtungen zu denken, wie sie für öffentliche Entseuchungs-Anstalten gebraucht und z. B.

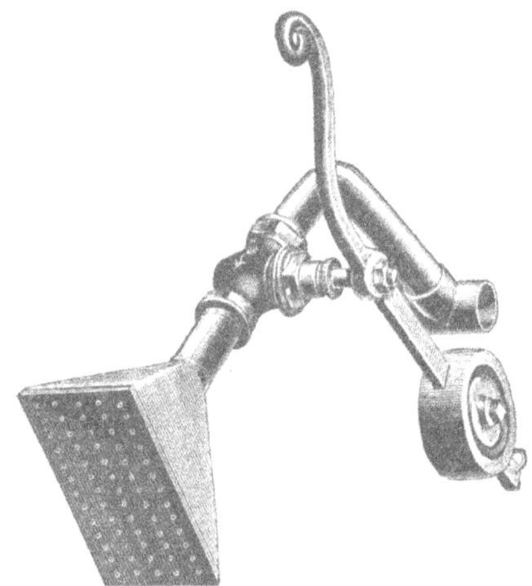

Fig. 76. Dieselbe zeigt im Hintergrund das T Stück, das in die gemeinsame Zuleitung eingeschaltet wird; der Hahn in der Zweigleitung schliefst sich von selbst durch Gegengewicht.

von Rietschel & Henneberg für 2500 ℳ geliefert werden, sondern das Augenmerk ist auf kleine Anlagen zu richten, die ohne Dampfkessel und doch mit heifsem strömendem Dampf arbeiten. Speziell erwähnt sei hier nur der zusammenlegbare Dampfdesinfektionsapparat der Firma Rothe & Grünewald, dessen Desinfektionskammer ca. 1 cbm Raum gewährt, und der komplet 550 ℳ kostet. In kleinstädtischen und ländlichen Verhältnissen dient häufig der Backofen für solche nicht sehr appetitliche Zwecke; in der grofsen Stadt gibt es meist nicht einmal dieses Aushilfsmittel. Zur Aufstellung eines Desinfektors ist ein gewölbter Kellerraum mit wasserdichtem Fuſsboden und Entwässerung geeignet, am besten im Zusammenhang mit der Waschküche stehend, der vielleicht auch noch eine Brausebad-Einrichtung zum Gebrauch für alle Hausbewohner aufnehmen kann. Solche Brausebadeinrichtung erfordert allerdings eine Cirkulationsleitung, in welche der Brauseapparat mit selbstschlieſsenden Hähnen und bemessenem Wasserquantum (für 6 bis 10 l einstellbar) eingeschaltet wird; aber zur Wassererwärmung kann zur Not der Waschkessel dienen, der dann mit der Cirkulationsleitung in Verbindung zu bringen ist. Der Brauseapparat (Fig. 76) allein, mit T-Stück zum Einbauen in die Leitung, kostet bei David Grove in Berlin 40 ℳ. — Ein solcher Desinfektionskeller könnte dann endlich auch noch als Leichenkammer dienen, damit nicht, wie es jetzt in den übervölkerten Häusern häufig vorkommt, derselbe Raum Lebende und Tote beherbergen muſs; auch in diesem Punkt sind die kleinen Städte, in deren Häusern es jetzt noch vielfach sogenannte Leichenkammern gibt, der modernen Groſsstadt überlegen.

X. Verminderung der Geräusche und sonstige Förderung des Behagens.

Insofern die Grenze zwischen körperlichem Wohlbefinden und allgemeinem Behagen nur schwer zu ziehen ist, kann vieles von dem, was bisher besprochen wurde, auch als zur Förderung des Behagens in unseren Wohnungen dienend bezeichnet werden. Genügende Wärme, helles Sonnenlicht, gute reine Luft sind nicht nur absolute Erfordernisse zum Gesundbleiben, sondern auch geeignet, dem normalen Menschen seine Wohnung angenehm und »behaglich« zu machen. Es gibt aber auſser den baulichen Anordnungen, die in den einschlagenden Abschnitten besprochen wurden, noch eine Reihe von

Einrichtungen, die nicht so unmittelbar mit dem Bauwesen zusammenhängen, daſs der Architekt für ihre Herstellung oder Anschaffung zu sorgen hätte, und ferner solcher, deren Fehlen nicht gerade als ein sanitärer Mangel eines Gebäudes, deren Vorhandensein aber als ein wesentlicher Vorzug empfunden wird, und die durch Erleichterung der Haushaltungsgeschäfte oder durch Vermehrung des wohnlichen Behagens im Grunde doch auch auf Gesundheit und Wohlbefinden günstigen Einfluſs ausüben. In erster Linie sind hier mit Rücksicht auf die weit verbreitete Nervosität unsrer Zeit alle die Maſsnahmen zu erwähnen, die zur Abminderung des von auſsen kommenden Geräusches dienen können. Der Löwenanteil fällt hier freilich den städtischen Verwaltungen zu, die durch Auswechseln des Straſsenpflasters gegen Asphalt oder Holzbelag den Straſsenlärm mit einem Schlage so ganz auſserordentlich vermindern können, daſs die Anwohner von so umgewandelten Gassen und Straſsen wie neugeboren aufatmen. Die Umgebung eines Wohnhauses fällt aber häufig auch durch den Fabrik- und Maschinenbetrieb dem Gehör lästig. Für Auspuffmaschinen aller Art fabriziert Patrick in Frankfurt a. M. einen Schalldämpfer, der sich schon vielfach bewährt haben soll. Die kleinste Sorte (für 25 mm Rohrweite) kostet 50 ℳ. Daſs das Ausklopfen der Teppiche schon aus Rücksicht für die Nebenmenschen besser in den dazu bestimmten Reinigungsanstalten und Maschinen (z. B. von Lichan & Frick in Berlin), als in den engen, widerhallenden Höfen vorgenommen würde, wird jedes halbwegs empfindliche Ohr bestätigen. — Gegen Geräusche, die im Hause selbst erzeugt werden und von einem Geschoſs ins andere durchdringen, kann ein umsichtiger Baumeister Vorsorge treffen, indem er mindestens über den Balken, besser noch unter der ganzen Dielung »Isolier-Haarfilz« einlegen läſst. 4 bis 15 cm breite Streifen kosten pro m 12 bis 40 ₰; es empfiehlt sich, den Filz (etwa mit Antinonninlösung) vorher zu sterilisieren. — Auch kreischende Thürangeln können belästigen, das Einölen ist aber meist eine umständliche Sache. Erleichtert wird es durch den Thürheber, der 1,50 M. kostet; viel einfacher noch vollzieht es sich bei Spengler's geräuschlos laufenden »Exaktthürbändern«, bei denen zu dem Zweck nur ein Knöpfchen

Fig. 77. Links ist das Verfahren beim Heben der Thüre, rechts ist diese im gehobenen Zustand, mit zugängig gemachtem Fischband, dargestellt.

abgehoben wird. — Die vielseitigste Anwendung der elektrischen Klingeln steht nachgerade auf dem Punkt, gleichfalls zu einer Quelle nervöser Belästigung zu werden. Bei Häusern, die nur von einer Familie bewohnt werden, könnte man vielleicht, nach englischem und altdeutschem Muster, für die Hausthüre den »Klopfer« wieder einführen, womit zugleich für das Kunstgewerbe ein dankbares Gebiet eröffnet würde. Im übrigen wird, zur Abminderung des Übels, in vielen Fällen den durchdringend tönenden

Flachschalen der Fortschellklingeln die Gongform und die Schalmeischelle vorzuziehen sein. Die Hantierungen in der Küche sind zum Teil mit unvermeidlichen Geräuschen verbunden. Schon aus diesem Grunde sollten Küchen nicht über den Wohn- oder Schlafräumen der unteren Geschosse angelegt werden. Ist es nicht zu vermeiden, so müſsten sie wenigstens einen dumpfen Fuſsboden (z. B. Klein'sche Decke) erhalten. Um das mit dem Holzspalten verbundene Klopfen und Lärmen zu vermeiden, fabriziert B. Öhme in Leipzig recht zweckmäſsige Küchen-Holzspalter.

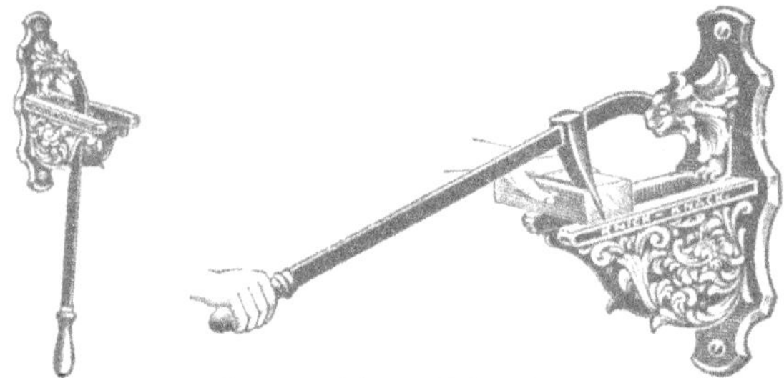

Fig. 78. Küchen-Holzspalter.

Zu häufigen und wirklich belästigenden Geräuschen geben die Wasserleitungsrohre Veranlassung, die an oder in den Mauern von Wohn- oder Schlafzimmern verlegt sind. Ein einfaches, universelles Abhilfsmittel gegen deren störendes Rauschen ist bisher nicht gefunden worden; am wirksamsten erwies sich immer noch eine ähnliche Einpackung der Rohre, wie sie zum Schutz gegen den Frost beschrieben wurde (man vergl. S. 71).

Die Beschädigungen der Wände und vorspringenden Ecken gehören auch zu den verdrieſslichen Dingen in einer Wohnung. Ecken, die dem Bestoſsenwerden ausgesetzt sind, sollten deshalb immer sichtbare oder (durch Übertapezieren) unsichtbar gemachte Schutzecken aus Holz oder Eisen erhalten. Schmiedeiserne Pfeilerschutzecken in 1,50 und 1,80 m Länge und hübscher Ausführung, fertig zum Befestigen, liefert als Spezialität u. a. Paul

Heinrich in Berlin; aufserdem eignen sich einige Sorten der von Mannstädt & Co. (in Kalk bei Köln) hergestellten »Ziereisen« ganz besonders zu diesem Zweck. Das Anbringen von Gardinen, Rouleaux, Spiegeln und Bildern ist bei Wohnungsveränderungen eine Plage und gleichfalls reichliche Quelle der Wandbeschädigungen. Durch rechtzeitiges Einmauern von Holzklötzen, z. B. über den Fensternischen, oder durch Anbringen noch so einfacher Bilderstangen unter der Deckenkehle liefse sich die Sache aufserordentlich vereinfachen, wenn die Baumeister umsichtig genug wären. Eine Erleichterung gewähren die aus Hartstahl gefertigten Spengler'schen »Hohldübel«, die ohne Vorbereitung der Wand in diese eindringen, mit Holz ausgefüllt werden und Bildernägel, Rosettenschrauben, Konsolhaken u. dergl. sicher festhalten. 10 Stück der kleinsten Sorte kosten 1,10 ℳ. Ferner verdienen alle Empfehlung die »hohlen Steinbohrer«, welche ohne Anstrengung und Schutt 8, 10 und 12 mm weite cylindrische Dübellöcher liefern und 1,10 bis 1,30 ℳ kosten. Endlich sind hier zu erwähnen die verschiedenen Gardinen- und Galerieeisen, von denen blofs die Kapsel eingegipst wird, während sie selbst jederzeit mit Leichtigkeit herausgenommen werden können. Sie kosten (z. B. bei Gebr. Hollweg, M.-Gladbach, oder bei Langensiepen & Schröter, Düsseldorf) das Paar mit Rosettenhalter 1,60 bis 2,— ℳ. Auch die Firma Ronniger & Co., Leipzig, besitzt eine reiche Auswahl derartiger Konstruktionen. In allen Gebäuden, deren Anschlufs an ein Elektrizitätswerk beabsichtigt wird oder je zu erwarten steht, sollten schon beim Neubau die Bergmann'schen »Isolierleitungsröhren« für die Leitungen vorgesehen werden, wodurch spätere Beschädigungen des Putzes, der Wand- und Deckendekorationen verhütet werden.

Das schon erwähnte Schwinden der Fufsbodenbretter und das dadurch bedingte Öffnen und Klaffen der Fugen ist eine ebenso bekannte wie lästige und auch sanitär nicht unbedenkliche Erscheinung. Für ungenagelte Fuſsböden (z. B. den schon erwähnten »Deutschen Fuſsboden« von Hetzer) gibt es eine Zugvorrichtung, mit Schraubenspindel, welche ein Zusammenziehen bewirkt, selbst wenn die Möbel im Zimmer stehen bleiben. — Wie sehr das Garnieren der Fenster mit Blumen und Blattpflanzen das Behagen in einem Zimmer zu steigern vermag, ist bekannt genug, trotzdem werden fast nirgends (wenn es nicht etwa der Fassadenstil erfordert) Blumenbretter angebracht. Einigen Ersatz gewähren die »Universal-Blumengitter«, die, auf dem Prinzip der Nürnberger Schere

Fig. 79.

beruhend, es ermöglichen, Blumentöpfe, ohne Blumenbrett, mit voller Sicherheit auf die äuſsere Sohlbank des Fensters zu stellen. Sie kosten in reichster Ausstattung, beispielsweise für 1,50 m breite Fenster, fertig zum Anbringen (bei Klotz in Dresden) 2,75 ℳ. Es gibt aber auch Blumenbrett-Einrichtungen, die innerlich am Fenster angebracht und mit diesem geöffnet und geschlossen werden (Fig. 80). Diese »Patent-Blumenbretter« kosten bei Mejer & Michael in Leipzig in elegantester Ausstattung bei 45—65 cm Länge 5 ℳ. — Zur Verbesserung der Luft in den Wohnräumen ist neben den Pflanzen auch der Jäger'schen »Ozogenlampe«, mit glühendem Platingitter und Tannenduftverbreitung, zu gedenken; sie kostet in einfachster

Ausstattung, nebst einer Flasche Ozogen (z. B. bei Eberstein in Dresden) 6,75 ℳ.

Eine grofse, aber meist fehlende Annehmlichkeit in Verbindung mit Küchen-, Speise- und Schlafzimmern gewähren die Wandschränke; sowohl die Schweizer, als auch die Amerikaner machen davon ausgiebigen Gebrauch.

Fig. 80. Bewegliches Blumenbrett, halb geöffnet.

Die Südd. Bauzeitung enthält in ihren Nummern 13 und 14 v. J. 1895 eine beachtenswerte Abhandlung über diesen Gegenstand von Mohr. — Ein anderer, oft empfundener Mangel in unseren Wohnungen ist ein bestimmter Platz für den Eisschrank, der in Verbindung mit einer Ablaufleitung für das Eisschmelzwasser stehen müfste, damit die üblichen Überschwemmungen nicht mehr stattfinden können.

XI. Schlufswort.

Das Programm und Endziel für die santiären Aufgaben und Bemühungen unserer modernen Städte ist ein so weitschichtiges und hochgestecktes, dafs zu seiner

Lösung nicht nur die Angehörigen verschiedener Berufsarten, sondern auch noch zahlreiche Generationen ihr bestes Wollen und Können werden aufbieten müssen. Die grofsen Städte gelten jetzt, zumeist nicht ohne Grund, als Schöpfungen, die aus sich selbst nicht lebensfähig bleiben würden, als Minotauren, denen in ihren Labyrinthen Hekatomben kräftiger Existenzen vor der Zeit zum Opfer fallen. Für sie wird die Aufgabe die sein, aus sich selbst den nötigen Ersatz zu schaffen; die Wohnungs- und Lebensverhältnisse müssen durchgängig solche werden, dafs es nicht für immer weitere Schichten der Bevölkerung allsommerlich einer Erholungs- und Vorbereitungszeit auf dem Lande bedarf, um nur wieder ein Jahr lang an der eigentlichen Wohn- und Arbeitsstätte aushalten zu können; die Sterblichkeit in der Stadt mufs unter die des platten Landes herab gedrückt werden[1]. Das ist freilich ein Ziel, zu dessen Erreichung das Zusammenwirken der verschiedensten Kreise und Kulturmächte und auch eine Änderung der geselligen und anderen Lebensgewohnheiten der Grofsstädte notwendig ist und das mit dem Barfufslaufen an einigen Sommertagen nicht erreicht wird; im Vergleich damit erscheint die Aufgabe des Architekten, für das Wohlbefinden und Behagen des einzelnen Hausbewohners zu sorgen, viel einfacher, viel leichter erreichbar. Insbesondere was das letztere betrifft. Im allgemeinen kann man sagen, dafs in unseren Wohnungen die Räume meist noch nicht speziell genug für ihre Zweckbestimmung eingerichtet werden. Könnte der Erbauer eines Miethauses erwarten, dafs alle künftigen Bewohner gewisse Zimmer jedenfalls zum Wohnen, oder zum Speisen, für Kinder, oder zum Schlafen benützen werden, so liefse sich hinsichtlich der Heizung, Wasserleitung, Wandbekleidung, Wandschränke

[1]) Noch besser wäre es freilich, wenn Dr. Hafse's Vermutung sich bestätigte, die er aus der letzten Gewerbezählung (Juni 1895) glaubt ableiten zu dürfen, dafs nämlich der ungesunde Zug nach der Stadt in der Abnahme begriffen sei.

u. s. w. manches vorsehen, was freilich bei einem Gebrauchswechsel zwecklos oder auch hinderlich sein würde.

Es liefse sich wohl auch noch manches anführen, was geeignet ist, das Behagen und das Wohlbefinden in unseren Wohnhäusern zu erhöhen; es sei z. B. nur noch an Kohleneinwurfschächte, an die balkonartigen Austritte bei Küchen, ferner an die Spielzimmer für Kinder auf Dachböden, an gartenartig vorgerichtete Holzzementdächer u. s. w. erinnert; das Buch soll aber hier seinen Abschlufs finden. Wenn es mitunter etwas lokale Färbung erhielt, so wird das damit zu entschuldigen sein, dafs der Einzelne die Baupraxis nur einzelner Städte bis ins Detail kennen zu lernen vermag; aufserdem lenken die sanitären Zustände und Einrichtungen einer Stadt wie Dresden von z. Z. etwa 321000 Einwohnern immerhin auch die Aufmerksamkeit von auswärts auf sich; sollten in anderen Städten die gerügten Fehler und Mängel schon zu den überwundenen Standpunkten gehören: — um so besser für eine solche Stadt. Sollten aber an anderen Orten sich Übelstände besonders bemerklich machen, die hier nicht besprochen wurden, so möge ein anderer Fachgenosse sich ihrer in der Fachpresse in ähnlicher Weise annehmen. Die Hauptaufgabe war dem Verfasser, nachzuweisen, dafs für viele ungenügende oder verfehlte Anordnungen in unseren Wohnhäusern zweckmäfsige Abhilfsmittel bereits bekannt und vorhanden sind; auf welcher Seite in dem Kampf des Besseren mit dem Guten (oder oft auch mit dem Schlechten) Partei zu nehmen ist, kann dem denkenden Architekten nicht schwer fallen, zu entscheiden.

In Deutschland wird so oft und gern über zu weit gehende Polizeiregierung geklagt; aber viele Verbesserungen und Fortschritte, deren Vorzüge doch auf der Hand liegen, werden hier nicht eher beachtet und eingeführt, als bis ein gewisser Zwang dazu nötigt. Nach dem alten deutschen Vorurteil müssen für sanitäre Einrichtungen die kärglichsten Mittel genügen, und namentlich die billigeren Wohnungen und die ärmeren Häuser sollen auf dem hier behandelten Gebiet keine Ansprüche machen dürfen. Diesem Vorurteil soll hier nicht vom christlichen Standpunkt begegnet werden, so nahe dies auch läge; auch auf die sozial-politischen Gründe, welche die Beutel und die Hände doch jetzt häufig zu öffnen vermögen, soll nicht eingegangen werden: zur Einführung sanitärer Verbesserungen, auch in den ärmsten Quartieren, mufs uns schon der blofse Selbsterhaltungstrieb anspornen. Wenn die mitteleuropäischen Staaten in den letzten Jahren es für nützlich und notwendig erkannt haben, durch gemeinsames Vorgehen der Entstehung der Cholera an ihren Keimstätten im Orient nachzuforschen und vorzubeugen — wie viel näher liegt es da für uns, mit den Krankheitsherden in den ärmeren Vierteln unserer eigenen Städte, mit den verständnislosen Bauausführungen aufzuräumen und durch gesunde und behagliche Wohnungen auch den unbemittelten Mitbürger widerstandsfähiger zu machen!

XII. Verzeichnis der Abbildungen und Bezugsquellen der Apparate.

www.ingramcontent.com/pod-product-compliance
Lightning Source LLC
Chambersburg PA
CBHW031448180326
41458CB00002B/689

9783486730005